· 四川省 2021—2022 年度重点图书出版规划项目
· 四川出版发展公益基金会资助项目
· 中国会馆建筑遗产研究丛书

行业会馆

赵逵　边疆　陈青青◎著

西南交通大学出版社

· 成都 ·

图书在版编目（CIP）数据

行业会馆 / 赵逵，边疆，陈青青著. -- 成都：西南交通大学出版社，2025. 1. -- ISBN 978-7-5643-9872-9

Ⅰ．TU-092.2

中国国家版本馆 CIP 数据核字第 202430M449 号

Hangye Huiguan

行业会馆

赵　逵　边　疆　陈青青　著

策划编辑	赵玉婷　邱一平
责任编辑	赵玉婷
责任校对	左凌涛
封面设计	曹天擎

出版发行	西南交通大学出版社 （四川省成都市金牛区二环路北一段 111 号 西南交通大学创新大厦 21 楼）
邮政编码	610031
营销部电话	028-87600564　028-87600533
审图号	GS 川（2024）67 号
网址	http://www.xnjdcbs.com
印刷	四川玖艺呈现印刷有限公司

成品尺寸	170 mm × 240 mm
印张	18.75
字数	261 千
版次	2025 年 1 月第 1 版
印次	2025 年 1 月第 1 次
定价	131.00 元
书号	ISBN 978-7-5643-9872-9

明清至民国，在中国大地甚至海外，建造了大量精美绝伦的会馆。中国会馆之美，不仅有雕梁画栋之美，而且有其背后关于历史、地理、人文、交通、移民构成的商业交流、文化交流的内在关联之美，这也是一种蕴藏在会馆美之中的神奇而有趣的美。明清会馆到明中晚期才开始出现，这个时候在史学界被认为是中国资本主义萌芽、真正的商业发展时期，到了民国，会馆就逐渐消亡了，所以我们现在看到的会馆都是晚清民国留下来的，现在各地驻京办事处、驻汉办事处，就带有一点过去会馆的性质。

会馆是由同类型的人在交流的过程当中修建的建筑：比如"江西填湖广、湖广填四川"大移民中修建的会馆，即"移民会馆"；比如去远方做生意的同类商人也会建"商人会馆"或"行业会馆"，像船帮会馆，就是船帮在长途航行时在其经常聚集的地方建造的祭拜行业保护神的会馆，而由于在不同流域有不同的保护神，所以船帮会馆也有很多名称，如水府庙、杨泗庙、王爷庙等。会馆的主要功能是有助于"某类人聚集在一起，对外展现实力，对内切磋技艺，联络感情"，它往往又以宫堂庙宇中神祇的名义出现。湖广人到外省建的会馆就叫禹王宫，江西人建万寿宫，福建人建天后宫，山陕人建关帝庙，等等。

很多人会问："会馆为什么在明清时候出现？到了民国的时候就慢慢地消失了？"其实在现代交通没有出现的时候，如没有大规模的人去外地，则零星的人就建不起会馆；而在交通非常通畅的时候，比如铁路出现以后，大规模的人远行又可以很快回来，会馆也没有存在的必要。只有当大规模人口流动出现，且流动时间很长，数个月、半年或更久才能来回一趟，则在外地的人就会有思乡之情，由此老乡之间的互相帮助才会显现，同行业的人跟其他行业争斗、分配利益，需要扎堆拧成绳的愿望才会更强。明清时期，在商业群体中，商业纷争很大程度上是通过会馆、公所来解决的，因此在业缘型聚落里，会馆起着管理社会秩序的重要作用。同时，会馆还会具备一些与个人日常生活相关的社会功能，比如：有的会馆有专门的丧房、停尸房，因过去客死外地的人都要把遗体运回故乡，所以会先把遗体寄存在其同乡会馆里，待条件具备的时候再运回故乡安葬；也有一些客死之人遗体无法回乡，便由其同乡会馆统一建造"义冢"，即同乡坟墓，这在福建会馆、广东会馆中尤为普遍。

　　会馆还有一个重要功能即"酬神娱人"，所有会馆都以同一个神的名义把这些人们聚集在一起。在古代，聚集这些人的活动主要是唱大戏，演戏的目的是酬神，同时用酬神的方式来娱乐众生。商人们为了表现自己的实力，在戏楼建设方面不遗余力，谁家唱的戏大、唱的戏多，谁就更有实力，更容易在商业竞争中胜出。所以戏楼在古代会馆中颇为重要，比如湖广会馆现在依然是北京一个很重要的交流、唱戏和吃饭的戏窝子。中国过去有三个很重要的戏楼会馆：北京的湖广会馆、天津的广东会馆、武汉的山陕会馆。京剧的创始人之一谭鑫培去北京的时候，主要就在北京的湖广会馆唱戏，孙中山还曾在这里演讲，国民党的成立大会就在这里召开。如今北京湖广会馆仍然保存下来一个20多米跨度的木结构大戏楼。这么大的跨度现在用钢筋混凝土也不容易建起来，在清中期做大跨度木结构就更难了。天津的广东会馆也有一个20多米大跨度的戏楼，近代革命家如孙中山、黄兴等，都曾选择这里做演讲，现在这里成为戏剧博物馆，每天仍有戏曲在上演。武汉的山陕会馆只剩下一张老照片，现在武汉园博园门口复建了一个山陕会馆，但跟当年山陕会馆的规模不可同日而语。《汉口竹枝词》对山陕会馆有这么一些描述："各帮台戏早标红，探戏闲人信息通"，意思是戏还没开始，各帮台戏就已经标红、已经满座了，而路上全是在互相打听那边的戏是什么样儿的人；"路上更逢烟桌子，但随他去不愁空"，即路上摆着供人喝茶、抽烟的桌子，人们坐在那儿聊天，因为人很多，所以不用担心人员流动会导致沿途摆的茶位放空。现今三大会馆的两个还在，只可惜汉口的山陕会馆已经消失了。

从会馆祭拜的神祇也能看出不同地域文化的特点。

湖广移民会馆叫"禹王宫"，为什么祭拜大禹？其实这跟中国在明清之际出现"江西填湖广，湖广填四川"的大移民活动有关，也跟当时湖广地区(湖南、湖北）的治水历史密切相关。"湖广"为"湖泽广大之地"，古代曾有"云梦泽"存在，湖南、湖北是在晚近的历史时段才慢慢分开。我们现今可以从古地图上看出古人的地理逻辑：所有流入洞庭湖或"云梦泽"的水所覆盖的地方就叫湖广省，所有流入鄱阳湖的水所覆盖的地方就叫江西省，所有流入四川盆地的水所覆盖的地方就叫四川省。湖广盆地的水可以通过许多源头、数千条河流进来，却只有一条河可以流出去，这条河就是长江。由于水利技术的发展，现在的长江全线都有高高的堤坝，形成固定的河道，而在没有建成堤坝的古代，一旦下起大雨来，我们不难想象湖广盆地成为泽国的样子。唐代诗人孟浩然写过一首诗《望洞庭湖赠张丞相》，对此做了非常形象的描绘："八月湖水平，涵虚混太清"——八月下起大雨的时候，所有的水都汇集到湖广盆地，形成了一片大的水泽，连河道都看不清了，陆地和河流混杂在一起，天地不分；"气蒸云梦泽，波撼岳阳城"——此时云梦泽的水汽蒸腾，凶猛的波涛似乎能撼动岳阳城，这也说明云梦泽和洞庭湖已连在了一起；"欲济无舟楫，端居耻圣明"——因为看不清河道，船只也没有了，做不了事情只能等待，内心感到一些惭愧；"坐观垂钓者，徒有羡鱼情"——坐观垂钓的人，羡慕他们能够钓到鱼。这首唐诗说明，到唐代时江汉平原、湖广盆地的云梦泽和洞庭湖仍能连成一片，这就阻碍了这一地区大规模的人口流动，会馆也就不会出现。而到了明清，治水能力有了大幅提升，水利设施建设不断完备，江、汉等河流体系得到比较有效的管理，使得湖广盆地不会再出现唐代那样的泽国情形，大量耕地被开垦出来，移民被吸引而来，城市群也发展起来，其中最具代表性的就是"因水而兴"的汉口。明朝时汉口还只是一个小镇，因为在当时汉口并不是汉水进入长江的唯一入江口。而到了清中晚期，大量历史地图显示，在汉水和长江上已经修建了许多堤坝和闸口，它们使得一些小河中的水不能自由进入汉水和长江里。当涨水时，水闸要放下来，让长江、汉水形成悬河。久而久之，这些闸口就把这些小河进入长江和汉水的河道堵住了，航路也被切断，汉口成了我们今天能看到的汉水唯一的入江口，从而成为中部水运交通最发达的城市。由于深得水利之惠，湖广移民在外地建造的会馆就祭拜治水有功的大禹，会馆的名字就叫"禹王宫"，在重庆的湖广会馆禹王宫现在还是移民博物馆。同样，"湖广填四川"后的四川会馆也祭拜治水有功的李冰父子。

福建会馆为什么叫"天后宫"？福建会馆是所有会馆中在海外留存最多的，国外有华人聚集的地方一般就有天后宫，尤其在东南亚国家更是多不胜数。祭拜天后主要是因为福建是一个海洋性的省，省内所有河流都发源于省内的山脉，并从自己的地界流到大海里面。要知道天后也就是妈祖，是传说中掌管海上航运的女神。天后原名林默娘，被一次又一次册封，最后成了天妃、天后。天后出生于莆田的湄洲岛，全世界的华人特别是东南亚华人，在每年天后的祭日时就会到湄洲岛祭拜。在莆田甚至还有一个林默娘的父母殿。福建会馆的格局除了传统的山门戏台，还在后面设有专门的寝殿、梳妆楼，甚至父母殿，显示出女神祭拜独有的特征。另外在建筑立面上可以看到花花绿绿的剪瓷和飞檐翘角，无不体现出女神建筑的感觉。包括四爪盘龙柱也可以用在女神祭拜上，而祭男神则是不可能做盘龙柱的。最特别的是湖南芷江天后宫，芷江现在的知名度不高，但以前却是汉人进入西部土家族、苗族聚居区一个很重要的地方。芷江天后宫的石雕十分精美，在山门两侧有武汉三镇和洛阳桥的石雕图案。现在的当地居民都已不知道这里为何会出现这样的石雕图案。武汉三镇石雕图案真实反映了汉口、黄鹤楼、南岸嘴等武汉风物，能跟清代武汉三镇的地图对应起来。洛阳桥位于泉州，泉州又是海上丝绸之路的出发点。当时福建的商人正是从泉州洛阳桥出发，然后从长江口进入洞庭湖，再由洞庭湖的水系进入湖南湘西。这就可以解释为什么芷江的天后宫有武汉三镇和洛阳桥的石雕图案，它们从侧面反映出芷江以前是商业兴旺、各地人口汇聚的区域中心。根据以上可以看出，福建天后宫分布最广的地段一个是海岸线沿线地区，另一个是长江及其支流沿线地区。

总的来说，从不同省的会馆特点以及祭拜的神祇就可以看出该地区的历史文化、山川河流以及古代交通状况。

中国最华丽的会馆类型是山陕会馆。中国历史上有"十大商帮"的说法，其中哪个商帮的经济实力最强见仁见智，但就现存会馆建筑来看，由山陕商帮建造的山陕会馆无疑最为华丽，反映出山陕商帮的经济实力超群。为什么山陕商帮有如此超群的经济实力？山陕商帮的会馆有个共同的名字：关帝庙，即祭拜关羽的地方。很多人说是因为关羽讲义气，山陕商人做生意也注重讲义气，所以才选择祭拜他。但讲义气的神灵也很多，山陕商人单单选关羽来祭拜还有更深层的含义。山陕商人是因为开中制才真正发家的。开中制是明清政府实行的以盐为中介，招募商人输纳军粮、马匹等物资的制度。其中盐是最重要的因素，以盐中茶、以盐中铁、以盐中布、以盐中马，所有东西都是以盐来置换。盐是一种很独特的商品，人离不开盐，如果长期不吃盐的话人就会有生命危险。但盐的产地是很有限的，大多是海边，除了边疆，内地特别是中原地区只有山西运城解州的盐湖，这里生产的食盐主要供应山西、陕西、河南居民食用，也是北宋及以前历代皇家盐场所在。关羽的老家就在这个盐湖边上，其生平事迹和民间传说都与盐有关。所以，山陕商人祭拜关羽一是因为他讲义气，二是因为关羽象征着运城盐湖。山陕会馆的标配是大门口的两根大铁旗杆子，这与山西太原铁是当时最好的铁有关，唐诗"并刀如水"形容的就是太原铁做的刀，而山西潞泽商帮也是因运铁而出名的商帮。古代曾实行"盐铁专卖"，这两大利润最高的商品都跟山陕商帮有关，所以他们积累下巨额财富，而这些在山陕会馆的建筑上也都有体现。

会馆这种独特的建筑类型，不仅是中国古代优秀传统建造技艺的结晶，更是历史的见证。它记录了明清时期中国城市商业的繁荣、地域经济的兴衰、交通格局的变化以及文化交流的加强过程。我们不能仅从现代的视角去看待这些历史建筑，而应该置身于古代的地理环境和人文背景下，理解古人的行为和思想。对会馆的深入研究可能会给明清建筑风格衍化、传统技艺传承机制、古代乡村社会治理方式等的研究，提供新视角。

2024年6月写于赵逵工作室

前言

行业会馆作为中国明清会馆建筑类型的重要组成部分，不仅带有会馆建筑本身的地域特性以及会馆类建筑的共性，而且因所属行业的不同在建筑文化与空间环境方面亦有所差异。行业会馆类型多种多样，涵盖了各行各业，其随着清代工商业的蓬勃发展而集中涌现，在全国范围内有着广泛的分布。行业会馆反映以行业组织为纽带而形成的专门的行业体系，不同的行业会馆建筑因服务于不同的行业和商帮组织而有不同的商帮文化特色。明清行业会馆的兴衰史在一定程度上反映了中国工商业的曲折发展史，其建筑文化与空间特色也带有强烈的行业色彩，折射了特定时期内政治经济的发展以及社会人文的变迁。

本书以三大主要的行业会馆——水木作行业会馆、药帮会馆和船帮会馆为主要研究对象，并以冶铸业、布业、杂货业、盐业、茶业等九种其他行业会馆为辅，研究范围涵盖现存的几十处行业会馆以及清代地方志中记载的会馆建筑，通过具体案例分析，以从宏观到中观到微观的逻辑顺序全面地论述行业会馆的建筑特色，包括行业会馆的选址建设、分布特征以及建筑文化与空间环境特色。本书首先概述中国明清行业会馆演变进程与现存实例，作为研究的时代背景；随后对三大类型行业会馆及九种其他类型行业会馆的历史成因及建筑特征一一进行阐述分析；最后概括行业会馆建筑的现存状况，以及行业会馆建筑研究在当代的重要意义，希望能给行业会馆在当今社会背景下的保护、更新与再生提供一些思路和视角。

　　在三大主要类型的行业会馆及九种其他类型的行业会馆中，由于水木作行业会馆与药帮会馆的基础研究充足，现存实例较多，本书将重点对其进行论述。首先，从精神需求以及行业活动对物质空间的需求两方面分别阐述会馆的历史成因，总结其形成机制与行业文化的共生关系；其次，将文献资料中记载的行业会馆以及中国现存的行业会馆的分布与选址信息进行整理、绘制图表，分析行业会馆的选址分布与自然要素以及社会经济要素的密切关系；最后，对行业会馆进行建筑本体视角下的分析，重点分析行业会馆的建筑空间环境特色，内容涵盖行业会馆空间环境的整体布局以及核心空间的营造。

　　行业会馆建筑文化的形成与发展受到行帮文化、地域文化以及移民文化的综合影响。多种文化互相渗透与交融，深刻地影响了行业会馆的形成机制、选址分布、建筑空间、建造技艺甚至装饰艺术。行业会馆因上述文化的多重影响而呈现出独特的建筑特色，其与传统会馆既有联系又有区别，有着重要的研究价值和研究意义。

第一章

行业会馆概述

行业会馆按照行业的类别和经营商品的不同可以大致分为三种规模较大的主要类型——水木作行业会馆、药帮会馆与船帮会馆，以及九种规模较小的次要类型——冶铸业会馆、布业会馆、盐业会馆、茶业会馆、杂货业会馆、酒业会馆、酱业会馆、饼豆业会馆、果橘业会馆。其中水木作行业会馆包含水木石瓦作会馆、彩扎作会馆、搭棚作会馆、描金作会馆等；药帮会馆以药商"十三帮"所建会馆为典型代表；船帮会馆一般具有很强的地域性，不同流域范围内有着不同的船帮会馆，主要包括杨泗庙、平浪宫、王爷庙、龙母庙和护龙庙等。行业会馆的各大类别详见表1-1。

表1-1　行业会馆分类总表

行业会馆类别	子分类名称	会馆举例
水木作行业会馆	水木石瓦作会馆 彩扎作会馆 搭棚作会馆 描金作会馆 ……	蓟县鲁班庙 温州鲁班祠 湘潭鲁班殿 广州先师古庙
药帮会馆	三皇宫 怀庆会馆 药王庙 药皇殿 ……	江西三皇宫 河南沁阳药王庙 河南禹州怀庆会馆 山西晋城怀覃会馆 安徽亳州江宁会馆
船帮会馆	杨泗庙 平浪宫 王爷庙 龙母庙 护龙庙 ……	陕西安康旬阳县蜀河古镇船帮杨泗庙 陕西商洛丹凤县龙驹寨平浪宫 河南淅川县荆紫关平浪宫 广西玉林市船埠村护龙庙
其他类型	冶铸业会馆 布业会馆 盐业会馆 茶业会馆 杂货业会馆 酒业会馆 酱业会馆 饼豆业会馆 果橘业会馆	自贡西秦会馆 三山会馆 临襄会馆 锦纶会馆

第一节　从行业组织到行业会馆

"行"的称呼最早见于隋，是指同类商店聚集的街区，但作为行业组织存在始于唐宋时期，是伴随着社会分工的细化以及工商业的发展而自然形成的。日本学者加藤繁认为唐宋团行是维护行业共同利益的组织。而在宋代，随着封建经济的发展，行会的数量日渐增多，《西湖老人繁胜录》中提到，南宋杭州有四百四十行，可作为团行组织在宋代繁盛的依据。在商品生产和流通过程中，团行组织起到了维护行业利益，限制行业竞争，在一定程度上垄断市场的作用，魏天安认为"不管这种作用同欧洲行会相比是强是弱，也不管其组织内部是否具有欧洲行会那样的平等原则，其性质都是行会"①。因而可以将唐宋时期的团行组织看作我国封建社会最早出现的行业组织。

宋代的团行组织是由政府组织设立的，主要为官府组织税收服务。官府对于团行组织有着极强的控制能力，只有政府认可的行业才能被批准成立行会，商人并没有共同设会的自主权。唐宋时期行会虽名目众多，但应付科索或组织行业活动多由一些大户联名，不必有常设机构，更不必设立固定场所，因而唐宋时期的团行作为一种行业组织是起到了凝聚同行业精神的作用，但并未形成固定的行业集会场所。

明朝资本主义萌芽出现，经济的发展以及社会的变迁促进了明清时期大量会馆建筑的产生，为行业会馆的出现奠定了基础。清代出现的行业会馆虽属于会馆类建筑，但却抛开了地缘的限制，延续了唐宋团行的行业组织模式，成员由该地区内从事同一行业的商人或手工业者组成，彼此并不区分籍贯。如明末北京的药行会馆即是由来自不同地区的药业商人组成，这与药材本身在地域上的分布相关。这种不区分籍贯的以行业为纽带联系同行人员的组织方式与唐宋团行有着较强的相似性，可以看作是对唐宋团行组织行会精神的继承。

---

① 魏天安. 宋代行会的特点论析[J]. 中国经济史研究，1993（1）：142.

相比于唐宋时期的团行组织，明清行业会馆在行会制度层面有了巨大的进步与发展。明清时期的行业会馆多为民间商人或手工业者自发设立以商议行业内部事宜，并不为政府提供服务。北京的毡毺行会馆由从事该行业的六家商号共同发起筹建，行会共议"每售毡毺一匹，恭除香资银壹钱，日集月累，合计得贰千叁百余金，遂于煤市街小椿胡同路南购民房一所，内设关圣帝君座，以展享祀而妥神灵"[①]，于嘉庆二年（1797年）建成会馆。会馆的负责人也由商人公举选出，或轮值或任用，从行业会馆成立到人员的组织管理都不必经官府认可，完全是商人的自发行为。行业会馆对抗牙行以及官府不法的案例在史料中多有记载，如乾隆时期北京的烟叶商人与牙行进行斗争，取得胜利后修建了烟业会馆。明清行业会馆中商人自主性的增强是我国封建社会工商业组织从宋代到明清时期的巨大进步之一。会馆形成之初，其形式并不完全一致。商人组织最普通的"初级"形式是同乡商人自由结合的"商帮"，这种商帮的组成人员多半是既同乡又同业，原为对抗当地商人和他籍商人以维护自身商业利益而聚集的。随着时间的推移同乡商人越来越多，故聚而建会馆，从只是"联络乡谊，相顾而相恤"，发展成"为同业汇议之所"。

晚清时期，由于通商口岸的开放，广州出现了特殊的行业组织类型——十三行。它是清政府专门做对外贸易的垄断性组织，具有半官半商的行商性质，与洋人共同做贸易。"十三行夷馆"是外商在广州的寄寓之处。

除此之外，随着场镇商贸的繁荣，行帮对公共资产的意识也在增强，或众人捐筹或从经商收入中提取比例，设立固定场所组织行业活动并作为行业地位的象征。四川自贡地区张爷庙作为屠宰帮会的行业会馆，初建于乾隆时期，屠沽行募集资金，创建了桓侯宫，正殿、东西两厢、戏台、山门以及供奉的神器等一应俱全，可惜毁于1860年大火，后经历了数次重建的努力，直至1872年，由禹国安等人再次提出重建，按照行规每宰一只猪抽取二百文钱，然后雇佣工人和材料，进行大规模的建设。这次建设使得殿阁楼台面貌

---

① 摘自《新置盂县毡毺行六字号公局碑记》，原碑位于北京宣武门外椿树上。转引自李华．明清以来北京工商会馆碑刻选编[M]．北京：文物出版社，1980.

焕然一新，更加雄伟壮丽。自贡张爷庙经历了初建和重修的几个阶段，屠宰帮会为之付出了巨大的人力财力。行业会馆成为行帮凝聚力的象征，这种行会意识的增强也是明清行业会馆相较于唐宋行会的进步之处。

第二节　行业会馆的基本功能

　　研究中国明清社会史的权威日本学者夫马进认为明末清初是中国历史上少有的结会结社的时代，此时兴起的各类会社为后来的民间组织提供了丰富的经验。明清时期行业会馆与宋代团行组织有着一定的继承关系，在发展的过程中，逐渐明确了"公约、祀神、合乐、义举"的基本功能与文化内涵。行业会馆的参与主体为同一行业的从业者，以商人与手工业者居多。行业会馆承载着同业组织制定"公约"的属性，主要表现为制定行业规范，其根本目的在于约束行业从业者、定价议规，防止不正当竞争和垄断市场，维护行业共同利益。

　　正如移民属性较强的各省会馆祭祀"乡神"以表"思念故土，和睦相邻"之情，行业会馆则祭祀各自的行业神，这也是行业会馆与同乡会馆在文化背景上的主要区别。中国封建社会行业神崇拜历史悠久，是民间造神运动的一个典例，也是封建社会中民俗文化的积淀。行业神崇拜主要分为保护神崇拜与祖师爷崇拜两种类型：前者乞求神灵保佑"安居乐市，不遭回禄；水陆平安，生意不息"，如船帮会馆王爷庙祭祀水神以求镇江水保安澜；后者将行业祖师爷奉为行业神加以崇拜，以神灵精神塑造行业形象，教化从业人员"通达义理，心同而力同"，更营造"孰信义、崇信行"的商人道德，例如屠宰行会馆张爷庙祭祀祖师爷张飞，药业会馆药王庙祭祀祖师爷孙思邈，等等。上述两种行业神崇拜的目的均为增强行业凝聚力，如任继愈先生在《中国行业神崇拜》一书的序言中提到的"神是团结同行的一面旗帜"，然"行业神的崇拜不过是个外壳，中国历来讲求实用，社会活动、经济活动才是它的实质"，其指出了行帮组织在神灵崇拜旗帜下的行业性本质。

除此之外，行业会馆的行业凝聚力还体现在团体娱乐以及行业互助中，即上文所说"合乐、义举"。合乐泛指行业会馆组织和承办的娱乐活动，包括祖师爷诞辰以及在各种节假日举行的庙会、戏曲表演等，这与明清时期民间娱乐方式的多样化以及戏曲文化的繁荣密切相关。场镇中逢重要节日，各会馆相继表演"对台戏"，经久不息，既满足从业人员精神娱乐的需求，又借机彰显行业势力。义举指"力行善举"，行会成员可以得到同行的救济和帮助，即所谓"疾痛疴恙，相顾而相恤"。部分行业会馆救济行业中老弱病残以及贫病无医者，体现了行业组织的自助属性与人文关怀。正如北京临汾东馆："凡涉同行公事，一行出首，众行俱宜帮助资力。相友相助，不起半点之风波。"[1]又如重庆川北各河船帮"虑船夫每至年迈病故时无济，设新兴会，每人至渝一次，取厘金钱一文，积贮济遇病身故之需"[2]。同行的救济与互助是行业会馆的行会精神的具体表现。明清时期行业会馆"公约、祀神、合乐、义举"功能的确立彰显了行会精神，这是在唐宋团行基础上的巨大进步。

第三节　行业会馆的演变

行业会馆大量出现于清代，经历了漫长的演变过程，呈现出一定的演变规律：

首先，行业会馆背后的行帮组织的社会地位以及自主性不断增强。清代的行业会馆在一定程度上延续了唐宋团行组织的行会精神，在其基础上逐步形成了一定的行会制度以与外界抗衡，保障自身利益，同时也产生了

---

[1] 摘自《临汾乡祠公会碑记》，原碑位于北京前门外打磨厂一二零号临汾乡祠。转引自李华. 明清以来北京工商会馆碑刻选编[M]. 北京：文物出版社，1980.

[2] 《巴县档案·道光16》，转引自周琳. 产何以存？清代《巴县档案》中的行帮公产纠纷[J]. 文史哲，2016（6）：519.

对固定场所作为行业会馆的需求，行会组织的自主性大大增强。

其次，行业会馆整体呈现出弱化"地缘"属性、强化"业缘"属性的演变规律，清末公所的大量产生印证了这一规律。清末随着商业贸易的不断发展，行业会馆的种类不断增加，涉及的行业更为广泛，社会地位与影响力随之扩大，行业会馆因而整体呈现出地缘属性不断减弱、业缘属性不断增强的趋势，清代中晚期大量出现的公所类建筑便是业缘属性强化的产物。

道光年间在全国范围内公所的数量大大增长，至鸦片战争时期，有资料认为公所的数量实际已超过会馆数量。清代早期对会馆以及公所的概念并不加以区分，"或称会馆，或称公所，名虽异而义则不甚相悬，故不强为区分"①。但实际上，后期大量产生的公所与普遍意义上的会馆，特别是同乡会馆还是有着显著的区别：首先，公所打破了地缘的限制，经营同一行业的商人与手工业者均可加入，彼此并不区分籍贯；其次，公所直接以行业命名，名称中并不体现地域性。

另外，公所作为纯粹的商人组织，虽与行业会馆在组织方式上有着较强的相似性，都是行会组织的一种，但两者还是有着明显的区别：首先，部分行业公所缺少以祭祀祖师爷为核心的祭祀文化，行业活动也仅限于经商；其次，在建筑空间与形制方面，公所缺乏统一的标准，既有齐安公所一类与会馆相仿的建筑，也有诸如酒业公所、扣业公所等仅以民居作为场所的小型公所；最后，行业公所虽在数量上超过行业会馆，但在特定地区的社会地位与影响力普遍比不上行业会馆。然而清代中晚期，公所类行业组织的大量出现还是说明了行会组织实力的增强，也证明了行会组织对于地缘的限制逐渐减弱而业缘属性不断增强的发展规律，这也是社会进步与经济发展的必然结果。

---

① 《上海县续志》，转引自王日根. 会馆史话[M]. 北京：社会科学文献出版社，2015：179-197.

第四节　行业会馆与行业神崇拜

一、行业神崇拜的原因

（一）社会压迫

旧时代社会生产力不发达、社会动荡不安、科学生产缺失，使得手工业从业者谋生极其困难，常常感到难以掌控自己的命运，因此将从业过程中的成功、困难都归因于神的主宰，"神降之福愈厚，店之业愈隆"[①]。

（二）祖师崇拜

手工业行业神崇拜的原因除了社会与自然的压迫外，还有祖师崇拜观念的影响。行业祖师神崇拜的本质是祖先崇拜的延伸，这体现在两个方面：一是由崇尚祖先延伸到崇尚视同祖先的人，"师徒如父子"，祖师便可视为祖宗。奉鲁班为祖师的北京皮箱行所立《皮箱行祖师庙碑》云："我皮箱行工艺，乃我始祖公输先师创造，后辈徒孙赖以糊口，流传至今。"将"始祖"与"徒孙"对称，可见从业者是将祖师视同祖先的。二是由崇尚有功的祖先延伸到崇尚行业中有创业之功的人。《礼记·祭法》注引赵氏国语云："凡祖者，创业传世之所自来也。""祖"为创业传世者，延伸便是祖师为创业传世者。

（三）崇德报功

崇德报功是先秦以来的传统观念和儒家礼教，指的是崇拜、追念、报答有功绩的古人。崇德报功的观念和祖先崇拜是一脉相传的。在从业者所立有关祀神的碑记中，常可看到祭祖师是出于崇德报功、报本反始之义的说法。如北京梨园业所立《祖师喜神殿碑》云："盖闻：孔子明道鬼神，以为天下

---

① 出自《重修正乙祠碑记》。

则。故教人反古复始，不忘其所由生，以至其敬发其情，竭力从事，以报其德，不敢不尽也。水源木本，上下有同。情报追远之思，以崇其德，尤当不失主敬之礼。"北京营造业所立《精忠庙鲁班殿碑》云："先圣（鲁班）既遗我以规矩，予我以神机，得有一技之能，为力食寸计。其鸿施盛德，曷可没忘。"在从业者看来，他们所从事的行业、所学的技艺都是祖师爷创立发明的，因而虔诚地崇敬祖师爷，追念祖师之功，并力图报答祖师。

二、行业神崇拜的目的

（一）借神自重

借神自重是行业神崇拜的重要目的。在以"万般皆下品，唯有读书高"为主流价值观的中国农业社会，工商业从业者地位一直很低。即便是水木作行业内部，也存在着高低贵贱的等级差别。如金华地区的一些工匠的传统等级由高到低依次是：石匠、泥瓦匠、木匠。在这种行业背景影响下，从业者多有这样的心理：祖师爷的地位高，行业的地位就高，祖师爷的地位与行业的地位是一致的。

从业者通过抬高行业神的地位来提高行业的地位，便是借神自重。借神自重的方式有两种：一是选择地位高的人、神作祖师，比如剧演行业的地位较低，便以唐明皇为祖师；二是夸耀本行业的祖师，一些行业的祖师本不是帝王，从业人员便将他们装扮为帝王将相，如木工、石匠的祖师鲁班被称为"圣帝"。北京东岳庙在修缮时，工匠为了将行业祖师神鲁班的地位提高到正祀地位，便将鲁班殿建在了东岳庙。

（二）团结同业

行业神崇拜是团结同业的一种手段。如果说借神自重的目的是提高从业者地位，那么团结同业则是增强从业者的团队意识：相同的行业神崇拜如同纽带，促进从业者增强业缘观念和行业认同感。童书业的《中国手工业商业发展史》云："近代行会为求团结起见，对于本行的祖师，都极端崇拜。遇祖师的诞辰，有热烈的庆祝，以作纪念，如木工的崇拜鲁班，鞋匠的崇拜鬼谷子，都是例子。"[1]

相同的行业神崇拜提高了同业者的凝聚力。供奉同一个祖师神，便为同门，如同供奉一个先祖，便是血亲。关公作为山陕商帮的行业神，在商帮中具有很强的凝聚力和号召力，如陕帮盐商所立《西秦会馆关圣帝庙碑记》称："要效法关公桃园结友的义气，珍重金兰结义的交情。"

把奉神活动作为团结同业的手段是行业内的自觉行为。在行业组织的文献中，常常可见用奉神来团结同业的记录，可见这一目的是明确的。日本学者仁井田升的《北京工商基尔特资料集》记有仁井田升本人访问绸缎洋货业同业公会文牍书记高爵生的记录，有云："问：祭祀的目的是什么？答：祀神是为了感情的融洽。"安庆铜锡业为了抵御外来客帮的竞争，以祖师老君的名义组建了"老君会"，老君会的四条宗旨——团结、遇事商量、同行协助、多户联营，都是为了团结同帮，抵御外部竞争。

（三）约束同业

各行都有约定的行规，供奉行业神有助于行规的实行。从这个角度来讲，供奉行业神就是以神治人，借助神的威严达到约束同业的目的，具体体现在以下三个方面：

一是为了使同行遵守行规而祭祀行业神。如武冈染纸作坊光绪三十二年（1906年）所定《梅葛祀条规》云："我行贸斯业于都梁者，始于同治之初，店户不过一、二，公司不过七、八。数十年店户之增，公司之广，已数倍矣。近来人众心杂，工不精造，商无远谋，兼之洋纸洋料，充塞海内。若不谨顿规模，将来行商为之缠足，是以邀约同行，玉成一祀，日梅

---

[1] 童书业. 中国手工业商业发展史[M]. 北京：中华书局，2005.

葛祀。"①二是将行业神祭祀空间作为议事的场所，即神前议事。除了在神前商议行规外，还包括神前审议曲直、裁定行会负责人。三是神前借神威惩戒违反行规者。借神威以令从业者遵守行规、借神威议事裁决和借神威惩戒从业者是以神治人的体现。

三、行业神崇拜的活动

奉神活动是手工业行业神崇拜的重要活动，以祭祀、迎神、拜师三种形式为主。明清时期是奉神活动空前兴盛的时期，奉神活动在行业组织活动中具有重要地位。

（一）祭祀活动

祭祀活动是最重要的、最常见的奉神活动，包括焚香、上供、叩拜、祷祝等形式。由于祭祀时间通常选在神诞日、神忌日、节庆日、店铺开张日、行会成立日等，因此祭祀活动常常与庆祝活动相结合。如乾隆二十六年（1761年）冬月所立鲁班碑记载："因鲁班先师，每年腊月二十日圣诞，便在此日举行祭祀活动。"②除此之外，也有单纯的祭祀活动，如在工作开始前、工作进行中、遇到困难时、工作成功时都要祭祀行业神：建筑工匠在上梁前需要祭拜祖师爷，至今一些寺庙工程仍保留着这一习俗；蚕农在孵蚕蚁、蚕眠、出火、上山、缫丝等每一道工序上都要祭祀一番；船民遇到水险、采石工出石率下降等时候都会祭神；盐池出盐后、瓷器出窑时、运输船抵港后都会祭神。

---

① 彭泽益．中国近代手工业史资料（1840—1949）：第二卷[M]．北京：生活·读书·新知三联书店，1957．

② 北京图书馆金石组．北京图书馆藏中国历代石刻拓本汇编[M]．郑州：中州古籍出版社，1989．

（二）迎神活动

迎神活动又称迎神庙会、赛会，定于神的"出行日"举办，活动中用仪仗、古乐迎神出门游街，是民间非常普遍的奉神活动。迎神会以组织人员为标准可以划分为两种：由行业组织的称为行业赛会，由当地居民组织的称为民间赛会。本书中只讨论行业赛会。

行业赛会（或庙会）由行业从业人员举办、参加，所迎之神为行业神，举办的目的是求神保佑行业兴盛繁荣。赛会往往连续举办数日，耗资巨大。以景德镇陶瓷业1933年的迎神会为例，有一百二十家烧窑户参与，每户平均出资二三百元，全镇用银元五六万元，相当于一万两千担米价。[①]

（三）拜师活动

手工业各行入行、出师都要行拜师礼，以一套程序使徒弟未入行便明确尊敬师长、谨守行规的态度。这套流程一般是这样的：徒弟先向行业祖师神、保护神神位行叩拜礼，再向师父、师娘行叩拜礼，向师兄弟行作揖礼，最后接受师父或者店主的训话。[②]拜神有助于让徒弟形成祖师崇拜，树立行业神在徒弟心中的威严，达到借助神威、以神治人的目的。

拜师活动的地点有三种，一是老师家中。宁波昆曲老艺人张顺金说到他拜师时的情形："拜师时，拣一个吉日，去到老师家中，正中设置祖师爷的牌位……"。二是店铺中。《章丘孟家所经营的瑞蚨祥》一文记瑞蚨祥绸布店的规矩："学徒到店后要举行入店仪式，名曰'敬财神'，即行拜师礼。"[③]三是集体入行、出师时，就在供奉行业神的庙、殿、堂举行拜师礼。

---

① 政协江西省委员会文史资料研究委员会.江西文史资料选辑[M]. 南昌：江西人民出版社，1980.

② 李乔. 中国行业神崇拜[M]. 北京：中国华侨出版公司，1990.

③ 中国人民政治协商会议山东省委员会文史资料研究委员会. 山东文史资料选辑：第四辑[M]. 济南：山东人民出版社，1982.

（四）演戏敬神

神是人造的，因此既具有神性也富有人性。在人的想象中，神也需要食物、需要娱乐，因此有了以演戏为贡品的奉神活动。祭祀、迎神、庆贺活动中都可演戏酬神。但演戏奉神有着多种禁忌。其一，不可演诋毁祖师的戏，《京剧长谈·梨园琐谈》中讲了一个例子，北京鞋行有一次在崇外精忠庙唱行戏，请的是梆子班。大轴快上了，主演还没来，后台管事就决定先垫一出《五雷阵》。不想犯忌了，因为孙膑是鞋行祖师，而戏文中孙膑陷入五雷阵中，是毛遂盗来太极图才被救出阵。演戏诋毁了鞋行祖师，戏班子赔礼道歉不算，还得白唱三天戏。其二，神前定的戏不可更改，甘肃行戏的剧目要由行会的行长点定，改演也要经其同意，否则便罚包银。改演的戏中，一般的戏可以通融，神怪戏则绝不通融，如情节稍有改变，必扣戏钱。

（五）祭祀场所

祭祀活动都是在一定的场所中进行的，主要有以下四种：神庙、业务活动地点、从业者住所、饭庄。本书主要讨论神庙与业务活动地点，即会馆。

行业神庙包括庙、殿、堂、馆、宫、阁，冠以行业神之名，如老君堂、神农殿、鲁班庙等。神庙常与会馆、公所等结合在一起，作为会馆中的主体建筑而设立，此类神庙可兼称为祖师庙或行业会馆，如开封鲁班庙也称八作会馆、汉口孙祖阁兼称鞋业公所。有的在行业活动地建庙，如北京冰窖业在冰窖侧建窖神庙。庙中设祀，供奉手工行业神。

除此之外，从业者也在业务活动地设祀。有的行业业务活动地点是固定的，有的行业是不固定的。如茶铺将祖师神像放在炉灶上，药店供奉药王神像，建筑工匠在开工地设祀。

第二章
水木作行业
会馆

第一节 水木作行业会馆的兴起

"水木作"一词最早见于清道光二十五年（1845年）《乌泥泾庙重塑黄婆像碑》中的"……各图捐款，共结足钱五百念四千五百零五……水木作八十四千"[①]。中国古代建筑营造中负责砌墙、粉刷等的泥水匠称"水作"，负责筑木构架、做门窗等的木匠称"木作"。"水木作"是泥水匠与木匠合力造就建筑物的一种组织，是晚清时期建筑作坊向现代建筑企业转型的过渡形态。

顾名思义，水木作行业会馆是由从事建筑营造的匠帮、匠人出资、建设、使用的会馆建筑。由于水木作行业具有明显的祖师神崇拜特征，大量水木作行业会馆为鲁班庙、鲁班阁、土皇宫、公输子祠等行业神祀所。除此之外广东、江苏等地区由于生产分工的细化，衍生出由工匠组成、专门维护从业者的组织——"西家行"，其聚会议事之所以"堂"为名，如佛山泥水匠人西家行为"桂泽堂"，其本质也是水木作行业会馆。本书中的水木作行业会馆既包括传统的会馆、公所、堂，也包括近代由公馆、会所堂改称或转变而来的同业工会。

一、水木作行业会馆兴起的历史背景

（一）匠籍制度废除

匠籍制度形成于明初，严重影响了民间手工业的商品生产，也导致了官营生产的日益衰落。自成化到嘉靖年间，明廷数次规定以银代役，减轻了轮匠班的实际负担，对民间水木作有一定积极意义。但匠班银的实行并不意味着工匠从封建徭役义务中解脱出来，工匠制度的本质没有改变，改变的只是工匠服役的形式，而且工匠因有匠籍，既须缴纳匠班银，又须为官府从事

---

① 上海博物馆图书资料室. 上海碑刻资料选辑[M]. 上海：上海人民出版社，1980.

低偿或无偿的强制性劳动。清顺治二年（1645年），朝廷宣布废除匠籍，免征匠班银，工匠在法律上获得了一般民户的地位。但由于财政拮据，清廷仍以各种形式无偿役使和利用工匠，而且又于顺治十五年（1658年）恢复征收匠班银，匠户不但要与普通民户一纳丁银，还要交纳匠班银，一身两役，不堪重负，严重地影响了官民营生产。康熙二十年（1681年）开始，各省将匠班银摊入地亩，工匠才最终摆脱了匠籍制度的束缚，官营生产正式行雇募生产，民间水木作从此走向正常发展的道路，匠帮由此形成。

（二）水木作行会的建立

水木作行业会馆的出现源于匠帮的形成。明清时期的营造工程包含水（土）、木、石、瓦、油、搭材、彩画、裱糊八大作，匠帮有的专营一作，有的兼具数作匠师。八大作几乎均以鲁班为祖师神，建有许多鲁班祀所，称为鲁班庙、鲁班殿、公输子祠、鲁班仙师祠等。鲁班庙常与会馆、公所等结合在一起，做为会馆中的主体建筑而设立，因此祭祀鲁班的神庙也兼为水木作行业会馆。

（三）行业神崇拜

水木作从业者所崇拜的行业神以鲁班为主。鲁班，历史上实有其人，姓公输名般，是生活在春秋末期到战国初期的鲁国人。据传，他生前制造了攻城的"云梯"、舟战用的"勾强"、机关备至的木马车，发明了曲尺、墨斗、凿子、刨子等各种工具，甚得各行各业工匠的敬仰。在其逝世后，工匠为其立祠奉祀，把他尊奉为水木作的祖师。

关于鲁班的记载最早见于先秦时期《墨子·鲁问》所记"公输子削竹、木以为鹊，成而飞之，三日不下，公输子自以为至巧"，此时的鲁班形象仍为技艺精湛的工匠。而到了东汉《论衡·儒增》记载的"犹世传言曰：鲁般巧，亡其母也。言巧工为母作木车马、木人御者，机关备具，载母其上，一驱不还，遂失其母"中鲁班形象已神化。

明清是鲁班信仰的兴盛期，明初就出现了工匠建庙祭祀鲁班的行为，《重建广州净慧禅寺觉皇殿暨祀鲁般神记》碑刻中"（洪武）八年（1375年），……殿后设崇龛，兼祀鲁般神……"，是关于鲁班庙最早的记载。《鲁班经匠家境·鲁班仙师源流》记"明朝永乐间，鼎创北京龙圣殿，役使万匠，莫不震悚。赖师降灵指示，方获落成，爰建庙祀之，匾曰：鲁班门，封待诏辅国大师北成侯，春秋二祭，礼用太牢"，说明鲁班作为水木作行业神此时已受封享祀为"北成侯"。清代以后，由于皇家工程、民间工程的大量兴建，水木作得以快速发展，鲁班庙、公输子庙、北城侯庙等鲁班祀的建设也逐渐兴盛，出现了大量的水木作行业会馆。

二、水木作行业会馆的兴起、发展与转变

（一）水木作行业会馆的兴起——以庙为馆

鲁班崇拜促进了水木作行业会馆的兴起。明末清初时水木作初具规模，大量的鲁班神庙转变为会馆，由《鲁班经匠家境·鲁班仙师源流》所记可知最初的鲁班庙为工匠祈求顺利完成繁重劳役的场所，后逐渐作为行业人员活动的据点，鲁班庙便是水木作行业会馆的雏形。此时的水木作行业会馆为多重性质的工商业会馆，比如木器行的置器公所、宁波帮的宁波会馆、湖南竹木帮的木业公所等，纯粹由水木作建立、使用的同行业会馆非常少。之后水木作匠帮的兴起使得鲁班庙有了固定的祭祀酬神的活动——鲁班会，鲁班庙也成了水木作独有的会馆建筑。在中国古代，神灵崇拜能超越地域与血缘使不同的人群形成强大的精神纽带，任继愈先生在《中国行业神崇拜》中有关于行业神意义的阐释，"神是团结同行的一面旗帜"，这点明了行业神的作用——约束和团结同业人员，与各省会馆利用"乡神"团结同乡、思念故土的行为有着异曲同工之妙，行业神崇拜虽然只是一种形式，但在讲求实用的年代，能够引导人们有效进行社会经济活动。此外，行业神也代表了行业形象，所有从业人员须在神灵的见证

下遵守帮规，这是在封建社会使行业人员形成凝聚力的一种普遍且有效的手段。

（二）水木作行业会馆的演变——由会馆到公所

1. 地缘向业缘的转变

随着清末资本主义萌芽的发展，会馆的类型也在发生由地缘向业缘的转变。随着水木作业务的发展，匠帮已不满足于同地域从业者之间的聚会，而是从谋求行业发展的角度出发，形成打破地域界限的同业组织，水木作公所出现，如汉口江浙营造业公所、浙宁公所等。此时的公所与传统会馆有以下两点不同之处：一是弱化了聚会与娱乐功能，更加突出了其行业性质；二是作为不同地域、籍贯同行的联络地，其不再以"帮"的名称来凸显地域性，而是以细分行业作为名称，例如上海的沪绍水木公所、木作公所、浙宁水木公所等。但在建筑形式上，公所与会馆并无特别区分，许多公所依然选择庙宇作为行业办事处，例如上海水木工业公所。

2. 行业细分下的东家行与西家行

行业的细分促进了水木作行业会馆的演变。清初至乾隆年间，由于生产分工的细化，水木作逐渐从商业大类中脱离出来，独立的水木作行业会馆开始大量出现，如汉口的老鲁班庙等。工商分离也催生了部分地区的"西家行"与"东家行"。"西家行"是由失业工匠或在业工匠组成行帮，建立的会馆。其作用是维护工匠的利益，反对作坊主对作坊工人的剥削与束缚。"西家行"与作坊主成立的"东家行"相对立，在工商业繁荣发达的地区较为常见。以广东地区水木作为例：泥水行东家行为荣盛会馆，西家行为桂泽堂。

3. 民国的营造厂

民国时期，上海、武汉等商业聚集性城市的城市化、工业化进程大大加快，使得传统水木作坊的施工组织形式无论从规模、技术装备还是生产经营方式上都难以满足建设需求。因此，采取全新经营方式的营造厂便应运而生，"营造厂按照西方建筑公司办法进行工商注册登记，采取包工不包料或包工包料的形式，接受业主工程承发包。内部只设管理人员，劳动力临时在社会上招募，营造厂主与水木工匠为雇佣关系"[①]。上海第一家独立的近代工程施工组织为上海杨瑞泰营造厂，第一家营造厂出现后，其组织方式、经营方式很快被建筑行业所接受，并且迅速分化出第二批施工组织者，如宁波帮在武汉创办的汉协盛营造厂等。

第二节 水木作行业文化及行业信仰

一、水木作匠帮组成与活动

匠帮是明清时期形成的一种工匠组织形式，是在地域性的同业或同行组织基础上发展起来的。各州府都有一个正宗的工匠帮，人数多、工种全、工艺技术精，有自己良好的运行规范。水木作匠帮营建活动范围及其所建会馆如表2-1所示。

表 2-1　主要水木作匠帮营建活动范围及其所建会馆

区域划分	起源地	名称	营造活动涉及范围	会馆
江浙	苏州香山	☆香山帮	苏南至浙北，上海，北京	苏州梓义公所等
	金华东阳	☆东阳帮	北接太湖，南达丽水，东自上海，西至徽州、景德镇	余杭东阳会馆、分水木业同业公会等
	宁波	☆宁波帮	浙江东部，上海、武汉、北京、天津等	上海梧州路公输子祠、宁波鲁班殿等

---

① 《上海建筑施工志》编纂委员会. 上海建筑施工志[M]. 上海：上海社会科学院出版社，1997.

续表

区域划分	起源地	名称	营造活动涉及范围	会馆
闽	泉州溪底村、紫坭村	☆泉州帮	福建、台湾、东南亚	福州鲁班庙等
沪	上海浦东	△浦东帮	上海	硝皮弄95号鲁班殿、川沙八业公所等
粤	广州三善村、紫坭村	☆广府帮	珠三角广州、东莞、佛山、台山等地	先师古庙等
晋	五台山	☆五台帮	山西、内蒙古呼和浩特	太原公输子祠等
京	北京	△京帮鲁班会	北京	北京东岳庙鲁班殿、精忠庙鲁班殿等
鄂	武汉	△文、武帮	武汉	汉口鲁班阁、土皇宫，武昌先贤宫等
湘	湘潭	△泥木工会	湘潭	湘潭鲁班殿
川渝	四川德阳	△鲁班会	德阳	西昌市鲁班庙
滇	云南	△剑川帮	剑川县	—
		△通海帮	以通海为主	—

注：☆营造范围跨多省的匠帮。

　　△营造范围囿于本地的匠帮。

需要说明的是，表2-1中水木作匠帮统计并未囊括所有存在于史料中的匠帮，大量的匠帮由于缺少足够的史料支撑、未建造专属的行业会馆，不纳入本书的研究范围。

由表2-1可知营造活动范围跨越多省的水木作匠帮多发源于大运河流域。长江流域、西江流域、黄河流域形成的水木作匠帮的营造活动范围多囿于本省、本市。这些匠帮均建有水木作行业会馆。其他流域地区仅有匠师或匠人记录，未形成较大的行业规模，但历史上仍建有少量水木作行业会馆。

（一）大运河流域匠帮

1. 香山帮

香山帮是中国建筑史上最著名的匠帮，《水木匠业兴修公所办理善举碑》记载："水木匠业，香山帮为最……"[1]。香山帮发源于苏州香山地区，是由本地工匠组成的行业组织。相比于其他民间匠帮，香山帮最大的特点在于其既有入仕匠官蒯祥作为领袖人物，又有一本传世典籍《营造法原》作为指导。官至工部侍郎的蒯祥是香山帮社会地位的象征，《营造法原》的存在打破了中国传统匠人依赖口授传承技艺的惯例。

香山帮营造技艺精湛，帮内工种齐备，以木作匠人为主，水、瓦、石、油、彩画、搭材、裱糊七作工匠为辅，行帮业务涵盖大木营构、小木装修、园林营造、砖石雕刻、灰塑彩画等，紫禁城是其最杰出的作品。由图2-1可知香山帮的业务范

图2-1　香山帮传播路线及主要活动地分布图

---

[1]　江苏省博物馆. 江苏省明清以来碑刻资料选集[M]. 北京：生活·读书·新知三联书店，1959：79.

围分省内和省外：在省内，主要集中于苏州、南京等苏南城市；在省外，北至北京、南至衢州、西至徽州、东至上海，涵盖了大运河流域众多重要城市，先后在苏州、杭州、南京、上海等地建立了水木作行业会馆（见图2-2、图2-3）。综合县志、历史地图信息及文献资料，统计出史料中香山帮所建水木作行业会馆信息如表2-2所示。

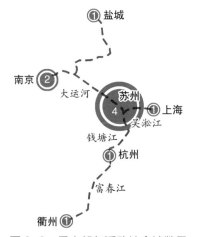

图 2-2　香山帮各活动地会馆数量　　　　图 2-3　苏州梓义公所

表 2-2　史料中香山帮所建水木作会馆信息

地区	序号	会馆名称	建设时间	建设地点
浙江	1	九华山鲁班殿	—	衢州九华山寺院群
	2	吴山鲁班庙	—	杭州吴山
江苏	3	张鲁二仙师庙	—	苏州小黄山顶
	4	苏州鲁班庙	嘉庆年间	苏州憩桥巷
	5	公输子庙	光绪初年	昆新县巡检巷东
	6	南京普安会馆	—	张府园
	7	南京普安公所	—	柳叶街
	8	苏州梓义公所	同治年间	苏州观前街 34 号
	9	盐城鲁班庙	—	盐城县城内
上海	10	梓业公所	光绪三十四年（1908 年）	西门外高家弄 20 号

2. 东阳帮

东阳帮是由浙江省东阳县的匠人组成的以建筑营造为主的行帮。早在南宋时期，东阳帮就已是营建皇城的重要技术行帮，与"香山帮""宁波帮"在水木作行业三足鼎立。帮内工种以木作为主，主要承揽大木构建及装修工程，尤以独具风格的建筑"三雕"——木雕、石雕、砖雕闻名。

东阳位于浙江东南部，境内东阳江为富春江支流，东阳帮匠人可由富春江北上经大运河、钱塘江，抵达南京、上海、北京等地，亦可向南经富春江支流新安江、衢江、东阳江，到达徽州、上饶、丽水等地。明清时期，东阳帮主要活跃于北接太湖，南达丽水，东自上海，西至徽州、景德镇共10万多平方千米的广大地区（见图2-4至图2-6）。虽然东阳帮活动范围跨越江苏、浙江、安徽多省，但史料显示东阳帮仅在浙江建立了水木作行业会馆，共10座，现遗存塘栖东阳会馆（见表2-3）。

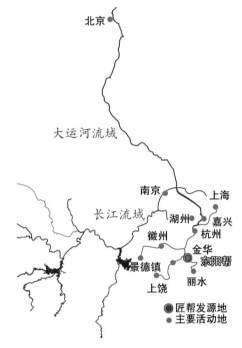

图2-4　东阳帮传播路线及主要活动地分布图

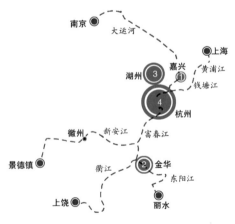

图2-5　东阳帮各活动地会馆数量

图 2-6　塘栖东阳会馆

表 2-3　史料中东阳帮所建水木作行业会馆信息

地区	序号	会馆名称	建设地点
浙江	1	塘栖东阳会馆	杭州塘栖水北明清一条街
	2	东阳会馆	建德市（杭州）梅城总府后街
	3	东阳会馆	杭州市横畈镇
	4	东阳会馆	兰溪市城关镇今兽医站
	5	东阳会馆	杭州市富阳区
	6	东阳会馆	金华市金华县东市街
	7	莫干山东阳同乡会	湖州莫干山
	8	东阳会馆	嘉兴市
	9	乐善堂	湖州东阳山
	10	东阳会馆	和孚镇康生路 37 号（湖州）

3. 宁波帮

以往会馆研究语境中的宁波帮指宁波商帮，但宁波帮同时也是宁波籍手工帮及宁波籍劳工帮的代称，如宁波帮木作、裁缝成衣业等，而到了近代宁波帮木作被称为红帮木作[①]，为凸显其发源地域及成就，本书中仍称其为宁波帮。宁波帮水木作工匠成员以木作为主，初以修建船舶为主，建有上海木业长兴会、浙宁红帮木业公所等同业组织。作为与香山帮、东阳帮齐名的三大水木作匠帮之一，宁波帮以西式建筑及家具见长。19世纪60年代宁波帮就开始承建银行等近代建筑以及制作写字台等西式木器，并借助海运优势将营造厂、木器行业务拓展至海内外各大重要城市（见图2-7）。

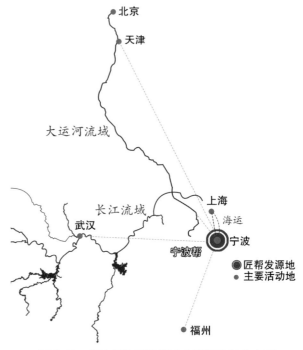

图2-7　宁波帮传播路线及主要活动地分布图

宁波帮的足迹遍布全球。《鄞县通志》中提及："五口通商后邑人……遍履全国、南洋、欧美各地……。"上海是宁波帮向外发展的第一站，也是宁波帮形成并快速兴盛的大本营。到19世纪末，在上海活动的宁波人已颇具规模，达数千人之多。宁波人在上海的多领域经营，使他们拥有更多的技术和资本将足迹沿长江、大运河延伸，并通过海运将营建活动

---

① 张守广. 宁波商帮史[M]. 宁波：宁波出版社，2012：181.

扩展到沿海各城市，在上海、北京、天津、武汉等各主要城市都能看到宁波帮的身影。宁波帮水木作所建会馆主要集中在武汉、上海、宁波等地（见图2-8、图2-9），综合县志、历史地图信息及文献资料，统计出宁波帮所建水木作行业会馆信息如表2-4所示。宁波帮所建水木作行业会馆多数已毁，仅汉口宁波会馆保存良好。

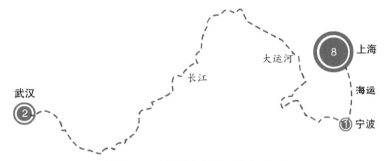

图2-8　宁波帮各活动地会馆数量

图2-9　宁波会馆

表2-4　史料中宁波帮所建水木作行业会馆信息

地区	序号	会馆名称	建设地点	建设时间
上海	1	梧州路公输子祠	梧州路 94 号	—
	2	沪绍水木工所	硝皮弄 60 号	—

地区	序号	会馆名称	建设地点	建设时间
上海	3	木作公所（四明木业长兴会）	新北门内硝皮弄	光绪五年（1879 年）
	4	红帮木业工所	虹口梧州路	咸丰七年（1857 年）
	5	浙宁水木公所	闸北西恒丰路	光绪三十二年（1906 年）
	6	沪绍水木土业公所	北门内安仁街	光绪三十三年（1907 年）
	7	沪绍水木业工所	北京西路 256 号	—
浙江	8	宁波鲁班殿	大沙泥街	道光元年（1821 年）
湖北	9	汉口宁波会馆	汉口前进五路	—
	10	江浙营造业公所	汉口青莲巷中路	宣统元年（1909 年）

4. 京帮鲁班会

北京地区工匠对鲁班的大规模祭祀与永乐迁都北京后进行的大量营建活动密切相关。据《鲁班经》记载："明朝永乐间，……龙圣殿，役使万匠，……师降灵指示……建庙祀之，扁曰鲁班门……封待诏辅国大师北成侯……。"[1]

鲁班会，或称鲁祖老会、鲁祖会、鲁班圣会等，是北京地区规模最大的匠帮组织，工匠加入鲁班会通常是强制性的，不入会的工匠将不能在行内工作。根据碑文记载，康熙年间修建东岳庙鲁班殿时，北京有水木作会首二十八人、下会四百余人参与了东岳庙的修建，说明此时北京鲁班会已经形成规模。鲁班会内工匠分为瓦作、木作、油作、彩画作、搭材作等几个不同行会，其中瓦作、木作关系较为密切，往往同时集会。

京帮鲁班会的会馆建于东岳庙、精忠庙。东岳庙先后建了两座鲁班殿，曾经的旧鲁班殿主要供瓦作、木作、搭材作使用。在新鲁班殿建好

---

① 王弗. 鲁班志[M]. 北京：中国科学技术出版社，1994：171.

后，旧鲁班殿仅供搭材作祭祀。精忠庙亦有两座鲁班殿：南院鲁班殿供瓦作、木作祭祀，北院鲁班殿供油作、彩画作祭祀（见图2-10和图2-11）。

图 2-10　东岳庙鲁班殿立面

图 2-11　高碑店鲁班殿山门

碎砖砌墙、裱糊顶棚以及扎彩子、搭天棚等均为旧时北京工匠特有的技艺。除此之外，京作家具更是闻名全国乃至海外，京帮鲁班会中的匠人也以北京匠人为核心，其将北京官式建筑营建风格辐射至华北、中原、东北，以及西北部分地区。

综合县志、历史地图信息及文献资料，统计出京帮鲁班会所建水木作行业会馆信息如表2-5所示。

表 2-5　史料中京帮鲁班会所建水木作行业会馆信息

地区	序号	会馆名称	建设时间	建设地点
北京	1	东岳庙鲁班殿	康熙五十八年 （1719 年）	北京东岳庙西廊
	2	鲁班殿	—	北京西华门外北长街
	3	鲁班庙	—	北京旧城西门内
	4	鲁班庙与行会合署办公	—	北京崇文区晓市大街
	5	精忠庙鲁班殿	嘉庆十四年 （1809 年）	北京外五区精忠庙街 54 号
	6	鲁班馆	道光十四年 （1834 年）	北京外五鲁班馆街 35 号
	7	高碑店鲁班庙	—	北京高碑店
	8	海淀区鲁班庙	建立年间失考， 雍正年间重修	北京市西郊四分署南海淀 22 号
	9	同兴和木器行	民国九年 （1920 年）	金鱼池中区 3 号楼

（二）长江流域匠帮

1. 武汉匠帮

武汉本土的水木作匠帮由来自黄陂、孝感、汉口、汉阳的木工、泥工组成，康熙年间就在汉口建有鲁班阁作为匠师议事聚会之所。此后泥工又分为汉口文帮、武昌武帮、汉阳西洋帮，分别在汉口大通巷、武昌黄鹤楼道、汉阳建土皇宫作为行业会馆。武汉匠帮的大部分水木作行业会馆在县志中均有记载，部分会馆如汉口安定巷鲁班阁，在历史地图中有明确标记但在县志中却无记载。综合县志、历史地图信息及文献资料，统计史料中武汉文帮、武帮水木作行业会馆信息如表2-6所示。

表 2-6　史料中武汉文、武帮所建水木作行业会馆信息

地区	序号	会馆名称	建设时间	建设地点	所属行帮
汉口	1	鲁班阁	康熙年间（1662—1722 年）	大郭家巷	本帮木、泥工
	2	土皇宫	同治六年（1867 年）	居仁坊大通巷	文帮
	3	土皇宫	同治年间（1862—1874 年）	张美之巷	文帮
	4	土皇宫	光绪十一年（1885 年）	居仁坊杨家河河沿	文帮
	5	鲁班阁	—	安定巷	文帮
	6	先贤宫	—	大火路中路	文帮
	7	砖瓦公所	同治年间（1862—1874 年）	上堤街玉皇阁	文帮
武昌	8	土皇宫	光绪三年（1877 年）	八卦井 27 号	武帮
	9	先贤宫	嘉庆年间（1796—1820 年）	蛇山南先贤街（二区 285 号）	武帮
	10	先贤宫	嘉庆年间（1796—1820 年）	先贤街 68 号	武帮
	11	先贤宫	嘉庆年间（1796—1820 年）	先贤街 11 号	武帮
	12	先贤宫	嘉庆年间（1796—1820 年）	后宰门 58 号	武帮
	13	先贤宫	嘉庆年间（1796—1820 年）	魏家巷（二区 1254 号）	武帮
	14	土皇宫	道光十四年（1834 年）	黄鹤楼道（二区 681 号）	武帮
	15	鲁班阁	1883 年前	黄鹤楼道	武棒
	16	先贤宫	光绪十九年（1893 年）	福寿庵（一区 362 号）	武帮
	17	先贤宫	光绪二十四年（1898 年）	福寿庵（一区 3624 号）	武帮
	18	元木公所	民国十一年（1922 年）	福寿庵（一区 3639 号）	武帮

武汉最早的水木作行业会馆建于康熙年间的汉口，随后近200年的时间里，武汉经历了1861年的汉口开埠、1864年汉口堡建立后玉带河的淤积、1906年京汉铁路建成通车等历史节点，这些均对水木作行业会馆的分布造成了深远影响。由图2-12可知，武昌水木作行业会馆在1722—1820年新建数量最多，而汉口地区的水木作行业会馆在1861年汉口开埠后才开始被大量建设，这一定程度上反映了武昌、汉口两镇的城市建设历程。"武汉三镇"中的汉阳作为湖南竹木帮木材运输的重要集散地，建有大量的木业公所，但均为商人会馆，不纳入本书研究范围。

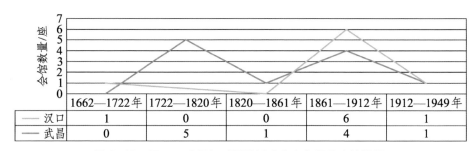

	1662—1722年	1722—1820年	1820—1861年	1861—1912年	1912—1949年
汉口	1	0	0	6	1
武昌	0	5	1	4	1

图2-12　汉口、武昌各时间段新建水木作行业会馆数量

关于水木作行业会馆毁坏、重建的记载，文献中仅有关于汉口先贤宫"……至新中国建立，尚存主楼……于1954年全部拆除"的记载。将1877年《汉口镇街道图》与1926年《武汉三镇详图》进行对比，可以看到原汉口张美之巷土皇宫、大郭家巷鲁班阁、青莲巷中路江浙营造公所均已消失。将《汉口辛亥兵燹过火范围图》（图2-13）与1877年《汉口镇街道图》叠加可知包括三者在内的六座水木作行业会馆均在过火范围内（图2-14）。另有文献记载起义军由中和门向蛇山占领时"至土皇宫四十一标兵狙击不能通过"[①]，结合图2-15可知此处为武昌八卦井土皇宫，该会馆很可能亦毁于辛亥革命中。关于水木作行业会馆的重建，除宁波会馆于1924年异地重

---

① 杨朝伟.武汉市档案馆馆藏辛亥革命档案资料汇编[M].武汉：武汉出版社，2013：108.

建外，其他会馆未有重建记载及遗产存留。

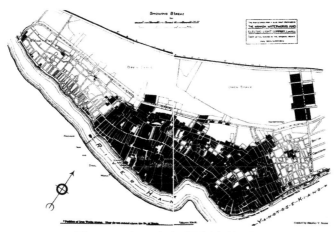

图 2-13　汉口辛亥兵燹过火范围图

（来源：丁格尔《1911—1912 亲历中国革命》，浙江大学出版社 2011 年版）

图 2-14　辛亥革命时中烧毁的汉口水木作行业会馆

（底图为 1926 年《武汉三镇详图》）

图 2-15　中和门 –
八卦井 – 蛇山

2．上海浦东帮

浦东帮水木作匠人以川沙籍为主。清光绪六年（1880 年），来自川沙蔡路乡的杨斯盛在上海创办了杨瑞泰营造厂，这是上海第一家独立的、由本土匠人开办的近代建筑施工机构，是水木作由行业作坊的经营模式向新兴的公司经营模式转变的开端。除此之外，1894 年杨斯盛主持重修了鲁班殿作为水木工业公所。营造厂的设立与鲁班殿的重修标志着近代浦东帮水木作在上海的转型。而作为时至近代才崭露头角的上海水木作行帮，浦东帮的营建范围主要集中于上海。浦东帮虽未在活动范围方面实现跨地域的突破，却为近代建筑业培养了大量非浦东籍匠人，如对汉口近代建筑产生举足轻重影响的宁波帮匠人沈祝三等。

受近代资本主义萌芽的影响，浦东帮所建水木作行业会馆以公所为主（见图2-16）。综合县志、历史地图信息及文献资料，统计史料中浦东帮水木作行业会馆信息如表2-7所示。浦东帮目前已无会馆遗存，但从历史影像、古画、历史地图中仍可观其昔日形制。

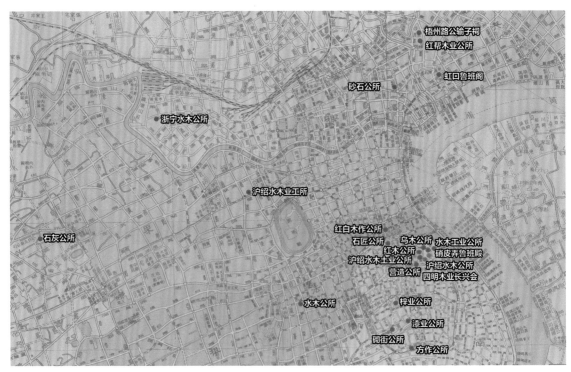

图2-16　上海浦东帮水木作行业会馆分布图

（底图为1937年《新上海市街图》）

表 2-7　史料中浦东帮所建水木作行业会馆信息统计表

地区	序号	会馆名称	建设地点
上海	1	硝皮弄鲁班殿	硝皮弄 95 号
	2	虹口鲁班阁	—
	3	木作公所	—
	4	宝山鲁班庙	—
	5	水木工业公所	福佑路
	6	漆业公所	薛弄底街
	7	方作公所	何家弄（尚文路胡家巷 28 号）
	8	红白木作公所	紫来街 19 号
	9	红木公所	福佑路 327 号
	10	水木公所	贝勒路西
	11	石匠公所	新北门城隍庙后鲁班殿
	12	砌街公所	南市文庙路
	13	砖灰业公所（永谐堂）	全家坊 91 号
	14	木样公所	育才路 154 弄
	15	砂石公所	美租界吴淞路 1538 号
	16	石灰公所	曹家渡
	17	营造公所	邑庙东辕门
	18	川沙八业公所	北门外种德寺
	19	装池公所	石驳岸
	20	乌木公所	福佑路

（三）闽江流域匠帮——泉州帮

福建自古以来是水木作十分发达的地区。《福建通志》记载："泉水为郡……百工技术敏而善做。"基于这些背景，闽江流域在明清以来出现了大量精美绝伦的历史建筑，其中大部分由福建地区的漳州帮、泉州帮、福州帮匠师所建，包括泉州天后宫、承天寺等。除此之外，明末清初郑成功收复台湾后闽粤两地出现移民浪潮，来自广州、潮州、漳州、泉州、福州的匠师纷纷抵台，将福建地区的建筑文化带入台湾，留下了台北文庙等建筑。

福建匠帮中，泉州帮尤为著名，特别是其水木作三匠，享誉海内外。泉州水木作三匠以五峰村石匠、溪底村木匠和官住村泥水匠为代表。五峰村被誉为"石雕之乡"，其作品不仅在福建广泛分布，更见于台湾众多著名的寺庙中，如龙山寺、天后宫等。木作匠师多来自惠安县溪底村，清末民初时期溪底名匠辈出。代表性匠师有王妈成、王益顺、王火艾、王三保、王火贵和王维禄等，他们在闽台地区赫赫有名且常受邀到东南亚地区进行营造活动。

综合县志、历史地图信息及文献资料，统计史料中泉州帮水木作行业会馆信息如表2-8所示。

表 2-8 史料中泉州帮所建水木作行业会馆信息

地区	序号	会馆名称	建造地点	建造时间
福建	1	建瓯鲁班庙（南平）	建郡太乙师范学堂府学后	—
	2	沙县鲁班庙	西山坊巷内	道光二十四年（1844 年）
	3	龙岩巧圣宫	上杭县	—
	4	龙岩巧圣宫	长汀县	—
	5	龙岩巧圣宫	长汀县五通庙后	民国前
	6	福州鲁班庙	福州台江汀洲社区山边街 55 号	光绪年间
台湾	7	台中巧圣仙师庙	台中市东势区	道光十三年（1833 年）

（四）西江流域匠帮——广府帮

广府帮是西江流域最知名的匠帮。广府帮发源于广州番禺区沙湾镇，帮内匠师由沙湾镇等周边村落的工匠组成，涉及木作、土作、彩画作等众多工种，其发源地三善村、紫坭村更是著名的"工匠村"，村中匠人所营技艺以灰塑、砖雕为最。广府帮营建活动的核心地区为珠三角地区，以广州、东莞、佛山为主，并借助粤商海上贸易之便远渡印度尼西亚、马来西亚等地，在东南亚地区留下了槟城鲁班行（见图2-17）、雅加达鲁班庙等数座装饰精美、保存良好的会馆建筑，对海外华人建筑产生了深远的影响。

图 2-17　槟城鲁班行

广州城内鲁班庙众多，历史悠久。每年农历六月十三鲁班先师诞之际，水木作便组织集会祭祀，辅以巡游、舞狮、粤曲等节目，共饮寿酒祈愿施工平安。广州及香港地区更有独特的"食鲁班饭"信俗，寓意小孩食后能更聪明。围绕鲁班庙形成的建筑业"十堂"，是行业内部解决争议、惩处违规的同业组织。

综合县志、历史地图信息及文献资料，统计史料中广府帮水木作行业会馆信息如表2-9所示。广府帮所建水木作行业会馆多达29座，其中以三善村先师古庙（见图2-18）、紫坭村北城侯庙（见图2-19）保存最为良好。

表 2-9 史料中广府帮所建水木作行业会馆信息统计表

地区	序号	会馆名称	建设地点	建设时间
广东	1	荣盛会馆（佛山）	—	光绪末年重修
	2	桂泽堂	佛山康盛街	—
	3	广善堂（佛山）	—	—
	4	敬业堂（佛山）	—	—
	5	湛江鲁班庙	通都大邑皆有	—
	6	徐闻广府会馆	徐闻县徐城镇民主路 43 号	乾隆五十二年（1787 年）
	7	清远鲁班庙	上廊東林寺下	光绪初年
	8	连州鲁班庙	连州三江城	—
	9	云浮鲁班庙	广东云浮鸳鸯滩	—
	10	与宁巧圣宫	—	—
	11	六榕寺鲁班殿	广州六榕寺	—
	12	广州北城侯庙	府学西街 35 号	—
	13	广州北城侯庙	惠福东路清源巷 13 号	—
	14	广州北城侯庙	荣华南东贤里 23 号	—
	15	广州北城侯庙	文德路青云直街 49 号	—
	16	广州北城侯庙	中山七路平宁北 23 号	—
	17	广州北城侯庙	光复南路杨仁中 2 号	—
	18	广州北城侯庙	龙津东路驿巷 25 号	—
	19	广州北城侯庙	同福东路北城侯直 1 号	—
	20	鲁班庙	洲头咀	—
	21	鲁班庙	南堤二马路 50 号	—
	22	鲁班庙	鸡栏街丰宁里 14 号	—
	23	北城侯庙	番禺沙湾紫坭村	—

续表

地区	序号	会馆名称	建设地点	建设时间
广东	24	先师古庙	番禺沙湾三善村	—
香港	25	鲁班先师庙	香港西环青莲台	光绪十年（1884 年）
澳门	26	澳门鲁班庙	白灰街	—
	27	澳门鲁班礼拜场	路环岛天后庙前地	—
东南亚	28	雅加达鲁班庙	雅加达老城区槟榔社一街47 号（广肇会馆旁）	道光年间（1821—1850 年）
	29	槟城鲁班行	槟城爱之路	光绪十二年（1886 年）

图 2-18　三善村先师古庙　　　　图 2-19　紫坭村北城侯庙

（五）黄河流域匠帮——五台帮

发源于山西省五台县的五台帮是黄河流域影响最为深远的水木作匠帮。据1988年《五台县志》记载，北魏时期大量的佛寺修建工程促进了五台水木作的发展。隋唐以后，五台水木作人员的活动范围已经扩大至北方各地。辽史记载，西京大同建设时，五台工匠应征前往，留下应县木塔、华严寺等辽代建筑瑰宝。灵丘觉山寺塔题记载，五台匠人曾修缮此塔。明朝初年，五台工匠再被征召建太原晋王府、大同代王府，其居所被西安民众称为"太原庄"。五台帮传承至今，所建水木作行业会馆共8座，其中太原公输子祠（见图2-20和图2-21）坐落于晋祠中，为国家级文物保护单位。

图 2-20 公输子祠

图 2-21 公输子祠鲁班像

综合县志、历史地图信息及文献资料，统计史料中五台帮所建水木作行业会馆信息如表2-10所示。

表 2-10 史料中五台帮所建水木作行业会馆信息统计表

地区	序号	会馆名称	建设地点	建设时间
山西	1	晋祠公输子祠	太原市晋祠内	—
	2	朔州鲁班庙	朔州北月城	—
	3	左云鲁班庙（大同）	左云县城东大街	—
	4	清源鲁班庙（太原）	西门	康熙五十二年（1713年）
	5	大同鲁班庙	南红门东	—
	6	大同吴道子庙	在鲁班庙东	—
	7	安泽鲁班庙	临汾安泽县北门外	—

（六）其他匠帮

除了本章上文提及的全国各大流域中具有代表性且规模较大、流动范围较广的知名水木作匠帮之外，国内各县、市在历史的长河中还出现过许多规模较小的匠帮，这些匠帮多以地域命名，如潮州帮、温州帮、徽州帮、长沙泥木工会、湘潭泥木工会、洛阳鲁班会等，它们均建有自己的水木作行业会馆，如长沙泥木工会所建鲁班庙。这些匠帮的影响虽然不及上述匠帮深远，但同样有着一技之长。以潮州帮为例，其匠人以嵌瓷技艺闻名，嵌瓷技艺甚至高于闽南地区。郑成功收复台湾后，潮州匠人曾多次受邀到台湾进行古建筑营建活动，将嵌瓷这一建筑装饰艺术带入台湾。潮州天后宫、台南潮州会馆均为潮州帮匠师一手建造的会馆建筑，也是展现潮州帮嵌瓷技艺的重要历史遗存（见图2-22至图2-25）。

图 2-22　长沙泥木工会

图 2-23　长沙泥木工会门房

图 2-24　潮州天后宫嵌瓷一

图 2-25　潮州天后宫嵌瓷二

（七）水木作匠帮及其所建行业会馆总述

通过文献考据和实例调研，梳理总结出历史上存在的各匠帮在国内及海外所建水木作行业会馆至少222座，其中广府帮29座，浦东帮20座，武汉帮18座，香山帮10座，宁波帮10座，东阳帮10座。以上数据可统计为图2-26。

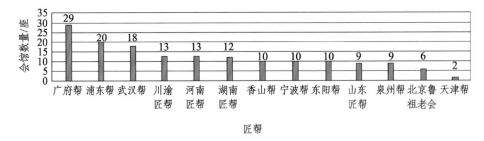

图 2-26　历史上各主要匠帮所建水木作行业会馆数量统计

由图2-26可知广府帮、武汉帮、浦东帮、香山帮、宁波帮、东阳帮等匠帮所建水木作行业会馆数量最多，占比超过44%，由此可见这几大匠帮在水木作行业中实力较为强劲，这与广州、武汉、上海、苏州、宁波等地优越的水陆交通条件、开放的政治经济政策、发达的商业化与工业化水平相契合。而现存水木作行业会馆中，以天津帮、香山帮、广府帮、湘潭鲁班会、京帮鲁班会、温州帮等几个水木作匠帮所建会馆保存最为良好（见图2-27），本章后面小节建筑本体分析也将主要围绕这几个匠帮所建会馆展开。

（a）天津帮鲁班庙　　　（b）北京鲁班会鲁班殿　　　（c）北京同兴木器行旧址

（d）湘潭鲁班会鲁班殿　　（e）香山帮梓义公所　　　（f）广府帮先师古庙

图2-27　各大匠帮现存水木作行业会馆实例

二、水木作行业信仰

古代水木作行业即现在的建筑业，由土作、木作、石作、瓦作、搭材作、油作、彩画作、裱糊作八个部分组成（见图2-28）。"作"既指古建营造中的八道工序，也指与之相关的"八行"，各行之下匠人的工作又有细分。以苦匠为例，苦匠是泥匠的一个分支，属于瓦作。旧时大多民间建筑的屋顶都是用草料铺盖而成，苦匠的工作便是用泥将草料捏紧拍实并铺盖于屋顶。山东民居中的海草房的屋顶便是以石为墙，以海草为顶（见图2-29、图2-30）。海草房苦匠屋顶技艺已于2006年被列入山东省省级非物质文化遗产代表性项目名录。

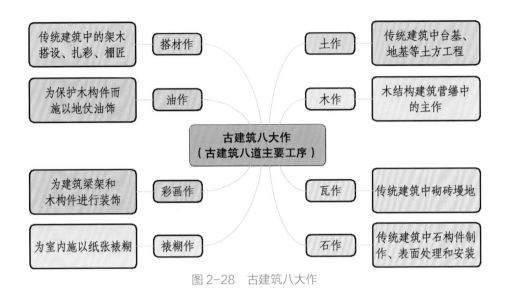

图 2-28　古建筑八大作

图 2-29　海草房屋顶图　　　　图 2-30　苫匠铺盖屋顶

　　八大作几乎均以鲁班为祖师神。明清以来各地的木瓦石匠大都举行供奉鲁班的活动，各地建有许多鲁班祀所，称为鲁班庙、鲁班殿、公输子祠、鲁班仙师祠等，并定期举行"恭庆鲁班"的神会——"鲁班会"及其他祭赛活动。除此之外，由于史料中张班是鲁班的师兄，因此鲁班殿中常出现二人合祭的现象，如苏州梓义公所合供鲁班、张班，宁波天封塔下鲁班殿内设鲁班、张班神像（见图2-31、图2-32）。

图 2-31 鲁 班

图 2-32 张鲁二师

民国时期由于大型建筑工程数量骤减，小型工程的搭材工作可由木作匠人完成，搭材作转化为搭棚业、扎彩业，二者亦奉鲁班为祖师，原因有二：其一，棚匠要上高干活，必须会"猴爬竿"，而传说鲁班发明了云梯，并传授了"猴爬竿"之术。《墨子·公输》记鲁班发明云梯事："公输盘为楚造云梯之械，成，将以攻宋。"其二，传说棚匠的工具弯针是鲁班的女儿鲁兰留下的。传说云：棚匠是鲁班的四徒弟，向鲁班讨艺时只遇到了他的女儿鲁兰，鲁兰将纳鞋底时不小心弄弯的针丢给了棚匠，棚匠从此有了得心应手的工具。北京的棚行会馆内建有鲁班殿供奉鲁班，北京东岳庙有两座鲁班殿，其中一座为棚行会馆。扎彩业供奉的祖师有鲁班、吴道子[1]。吴道子是唐代大画家，由于扎彩业颇具艺术性，故亦奉吴道子为祖师。

油作、彩画作行业相近，所奉祖师亦有相同。油作奉鲁班、吴道子、普安、乳安、漆宝为祖师，对应会馆有鲁班殿、吴道子庙、乳安殿、漆宝殿[2]。彩画作奉鲁班、吴道子、王维为祖师。旧时北京精忠庙鲁班殿为油作、彩画作会馆（见图2-33）。

[1] 中国人民政治协商会议北京市委员会文史资料研究委员会. 北京往事谈[M]. 北京：北京出版社，1988.

[2] 李乔. 中国行业神崇拜[M]. 北京：中国华侨出版公司，1990.

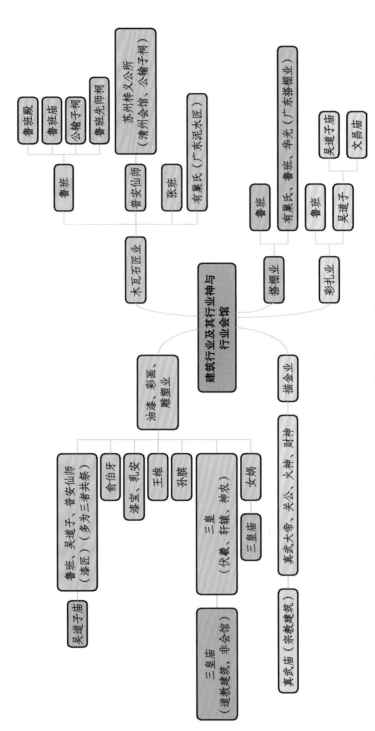

图2-33 八大作及其行业神与行业会馆

根据行业神信仰的不同，水木作行业会馆可以分为以下几类：一是以鲁班信仰为导向的鲁班庙，鲁班是各匠帮中木作、瓦作、石作共同信仰的行业神；二是以画圣吴道子信仰为导向的吴道子庙，这是彩画作、雕塑作祭祀祖师神吴道子的场所，但由于古建筑工程中彩画作、雕塑作往往依附于水作、木作而存在，因此吴道子庙的数量极少，文献中仅记载了许昌存在一座吴道子庙，是彩画匠祭拜祖师之所；三是以玄天上帝、关公、火神崇拜为导向的真武庙，这是裱糊作祭祀祖师神的场所，但同样数量稀少，文献中仅仅记载了北京真武庙的存在。

第三节　水木作行业会馆的分类

会馆是中国古代传统建筑的重要组成部分，水木作行业会馆是以鲁班为祖师的"五行八作"所建的行业会馆。各行帮之间有相同的祖师崇拜与固定的祭祀活动，共同的行业背景、相同的神明信仰催生了水木作行业会馆——鲁班庙的建设与发展。

下文将以水木作行业会馆中数量最多的鲁班庙为对象[①]，分类分析以木作、水作、瓦作、石作、彩画作等工序为营建特色的水木作行业会馆。

一、以木作为营建特色的水木作行业会馆

温州鲁班祠与天津蓟县（现为蓟州区）鲁班庙是现存水木作行业会馆中保存最好、营建技艺最为精湛的。温州帮与天津帮均以木作为长，但从二者所建会馆的对比中可知天津帮擅长大木技艺，而温州帮以生动精巧的小木技艺为长。结构形制上，蓟县鲁班庙的山门、正殿、配殿与厢房均为

---

① 鉴于以其他行业神信仰为导向的水木作行业会馆数量极少，缺少研究材料，故本处分类分析仅关注鲁班庙。

抬梁式，正殿梁柱之间以斗拱、额枋连接，殿内无柱，保证了祭祀空间的连续性，满足了其开阔的空间需求。而温州鲁班祠只有正殿部分使用抬梁式，配殿、山门与正殿边帖采用了穿斗的结构形式，平面形成了密密麻麻的柱网。天津蓟县鲁班庙主要采用施涂彩画的形式对大木进行装饰，样式选用旋子彩画等官式做法，这与天津帮承建了文庙、皇陵、佛寺等大量官式建筑有关。温州鲁班祠的大木装饰采用清水木雕的形式，还原木材的本色，雕饰采用云纹、草木纹、莲花纹等民间常用纹样，更进一步体现了鲁班信仰作为民间神信仰的本质。（见图2-34）

（a）蓟县鲁班庙主殿大木构架

（b）蓟县鲁班庙主殿额枋

（c）蓟县鲁班庙飞檐

（d）温州鲁班祠主殿大木构架

（e）温州鲁班祠配殿梁柱

（f）温州鲁班祠转角斜撑

图2-34　温州鲁班祠与蓟县鲁班庙大木作对比

　　二者在小木作方面的差异主要体现在内檐的天花和外檐的门窗、雀替与挂落中。首先是天花，蓟县鲁班庙各单体建筑的屋顶木构均采用砌上露明的做法，将木构完全展露出来，只在木梁上施彩画作为装饰。其中配殿在修缮时增设了一层天花，但露出了部分抬梁结构，依然可以判定其原本的天花也是露明做法。相比于天津帮，温州帮在鲁班祠中的天花做法十分多样。鲁班祠正殿檐内也是砌上明造，檐下天花使用了卷棚天花，立面不设置门窗隔断，天花的不同做法起到了划分内外空间的作用。山门和配殿的天花都采用了平綦做法，使用长等间、宽一椽的板制顶棚，板上再用木条分隔成小块，并于板上施以雕饰，相比于天津帮的做法更为精巧，充分展现出原木的天然美感。（见图2-35）

（a）蓟县鲁班庙主殿露明　　（b）蓟县鲁班庙山门露明　　（c）蓟县鲁班庙配殿天花

（d）温州鲁班祠卷棚　　（e）温州鲁班祠配殿藻井　　（f）温州鲁班祠山门藻井

图2-35　温州鲁班祠与蓟县鲁班庙内檐小木作对比

　　外檐小木作方面，温州鲁班祠与天津蓟县鲁班庙都是框档门，但天津蓟县鲁班庙大门为门联窗，明间除了设置两扇门外另有两扇长窗，两侧尽间都是槛窗，窗上是通透的菱形棂格，即使不开窗也有透光通气作用。槛窗与隔扇门保持了同一形式，包括色彩、花纹等，使得建筑外立面更为谐调、统一、规整。温州鲁班祠正殿只在两侧山墙设置高窗，同时为了保证主殿的采光，主殿的明间与次间并未设置隔断，这种灵活的设计很难在以规整为重要指标的北方官式建筑中出现。二者在枋、柱之间的小木装饰亦有不同，温州鲁班祠装饰了与主殿、配殿通长的葵式万川挂落，蓟县鲁班庙只在主殿的枋、柱之间设计了雀替，雀替上只以红、绿、蓝色调的彩画装饰，并未进行繁杂的雕刻，保留了雀替的结构作用。整体上二者的木作分别呈现庄重简洁、灵动淳朴的艺术特征。（见图2-36）

（a）温州鲁班祠主殿门窗　　（b）温州鲁班祠主殿高窗　　（c）蓟县鲁班庙主殿门窗

（d）温州鲁班祠主殿挂落　　（e）温州鲁班祠主殿木雕　　（f）蓟县鲁班庙主殿雀替

图2-36　温州鲁班祠与蓟县鲁班庙外檐小木作对比

二、以水作、瓦作为营建特色的水木作行业会馆

广府帮水木作以"三雕两塑一画"，即石雕、木雕、砖雕、灰塑、陶塑、壁画见长。这些装饰艺术造型生动、工艺精美，在会馆建筑中常见于屋顶、墙面的瓦作与灰作中。先师古庙在墀头、山墙、屋脊等位置装饰了大量的灰塑、砖雕。墀头部分砖雕分盘头、垫花两部分。先师古庙的盘头部分有两种做法：一种先用砖砌叠涩将盘头挑出，再于素砖上雕刻层层叠叠的束莲纹；另一种在盘头上使用彩色灰塑描绘"风尘三侠""孟母三迁"等内容。垫花部分是直接在平整的素砖上进行雕刻，内容有花草鸟兽等自然之物，也有"仙女下凡""鹊桥会"等神话传说。屋脊处的灰塑一直以来是广州古建筑装饰艺术的重点，先师古庙的屋脊灰作包括脊头与脊身两部分。脊头是广州古建筑常用的夔龙纹脊，脊腰装饰双鱼戏珠，脊身为五段式构图，使用蓝色、金色灰塑勾勒龙凤纹样，色彩艳丽，美轮美奂。山墙位置的装饰主要为灰塑，做法是在山墙顶部以大片黑色灰料作底，再以草根灰层层塑形，以蓝色、绿色、金色为主的色灰由浅色到深

色逐次着色，灰塑内容包括龙虎斗、观音童子等神话故事，也包含"野草""木鸢"等与鲁班传说相关的元素。（见图2-37）

先师古庙的瓦作集中于山门及大殿处的屋顶。山门处的瓦作与蓟县鲁班庙一样，都是大式瓦作，区别在于先师古庙的筒瓦收尾处的瓦当与滴水都是金色、绿色的琉璃瓦，而非蓟县鲁班庙使用的青瓦材料。除此之外，山门处筒瓦的固定构件是与屋顶基本通长的木条，对瓦面整体进行固定，而蓟县鲁班庙是在每排筒瓦末端使用青灰瓦钉加固。（见图2-38）

（b）风尘三侠、孟母三迁　　　　　　　　（a）屋脊灰作

（c）龙虎斗　　　　　（d）山水景观堆塑　　　　　（e）观音送子

（f）夔龙纹脊　　　　（g）山墙灰塑一　　　　（h）山墙灰塑二

图2-37　先师古庙水作

（a）金色琉璃瓦、瓦面压条　　　（b）绿琉璃瓦当、滴水　　　（c）山门瓦当

图 2-38　先师古庙瓦作

作为广府帮留存于海外的水木作行业会馆，槟城鲁班行的瓦作、灰作与先师古庙有很多相似之处，同时也存在着细微的不同。二者都使用夔龙纹脊，屋顶瓦作同样是青灰筒瓦与绿色琉璃的瓦当、滴水，但槟城鲁班行屋顶瓦面尾端上并没有构件加固，脊头处以蓝色鱼龙作为脊兽，脊腰处的灰塑同样是五段式构图，但细节更为繁杂。墀头处的装饰同样是使用灰塑描绘神话传说，但仅槟城鲁班行在垫花处装饰，盘头部分仅用素砖叠涩衔接出挑的屋檐。（见图2-39）

图 2-39　槟城鲁班行屋顶灰作、瓦作

三、以石作为营建特色的水木作行业会馆

石作内容包含柱础、殿阶基、殿阶螭首、重台钩阑等。石作是广府帮水木作最重要的技艺之一，其会馆的头门正立面的石梁架与石雕是其区别于其他匠帮的重要标志。由于先师古庙位于多庙合建的古庙建筑群，因此

头门并不位于先师古庙的中轴线起点，而是建于整个建筑群的中路起点上。先师古庙的石雕也设置在头门石梁上作为装饰，主要题材为观音。相比于先师古庙，鲁班古庙的头门石雕涂上了金漆，并在两侧建造了石狮子，显得建筑更加金碧辉煌。（见图2-40）

（a）先师古庙　　　（b）先师古庙门　　　（c）先师古庙　　（d）先师　（e）先师
　观音石雕　　　　　头石梁柱　　　　　　墀头砖雕　　　古庙福纹　古庙野草

（f）鲁班行门头石梁柱　　　　　（g）鲁班行石　　（h）鲁班行石
　　　　　　　　　　　　　　　　狮子一　　　　　狮子二

图2-40　先师古庙、鲁班行石作

北方匠帮天津帮的水木作行业会馆蓟县鲁班庙的石作现存较少，仅有山门抱鼓石和院中功德碑。抱鼓石和功德碑由汉白玉雕刻而成，抱鼓石经多年磨损已难以分辨其上雕饰，但功德碑上的浮雕双龙戏珠依然清晰可见。温州鲁班祠仍保留有屋脊上的云纹石雕、各式柱础、门罩上的仿木石雕。屋脊上的白色云纹石雕代替脊兽，表明温州帮匠人更加注重装饰构件的轻巧灵动而非高级的规制。主殿处的柱础使用圆形石柱，配殿处使用更为简略的方形，两种直径都是柱径的两倍，但以形状区分出空间的主次。

门罩上的石作更是雕刻出整套仿木斗拱、挂落、椽子与壁柱，且无论构件大小均施以丰富的雕饰，题材以反映鲁班典故的花草、云纹为主，整体虽以石料筑成，艺术效果却十分精巧。（见图2-41）

（a）蓟县鲁班庙抱鼓石　　（b）蓟县鲁班庙石碑　　（c）温州鲁班祠石墙　（d）温州鲁班祠石柱础

（e）温州鲁班祠石柱础　　　　　　（f）温州鲁班祠山门石雕

图 2-41　温州鲁班祠与蓟县鲁班庙石作对比

四、以彩画作为营建特色的水木作行业会馆

以彩画为主要装饰的水木作行业会馆现存有蓟县鲁班庙、温州鲁班祠（又称华祝祠）、广州先师古庙、北城侯庙、槟城鲁班行，其余地区的水木作行业会馆如温州鲁班祠中也有彩画作的遗存。

蓟县鲁班庙与温州鲁班祠的彩画作在位置、题材、色彩方面有很大的差异。蓟县鲁班庙在主殿与山门的所有梁、柱、枋、斗拱、雀替、椽子等主要构件上都装饰了彩画，形式取自旋子彩画并做了简化，色调以蓝、绿、红为主，斗拱与雀替上的彩画甚至以金箔为边。相反温州鲁班祠仅在山墙高窗上方装饰一处彩画，以水墨画的形式描绘了演员在戏台上以戏酬神的场景，图中建筑屋角高高翘起，是江南地区常见的水戗发戗。总的来说，对会馆施以彩画是天津帮主要的装饰手法，彩画的形式虽然以官式为原型却并不拘泥于规制的严整。而在温州鲁班祠中，彩画并不是重要的装饰方法，更重要的是表达本土建筑形象与生活场景。（见图2-42）

（a）蓟县鲁班庙山门彩画　　　　　　　（b）蓟县鲁班庙旋子彩画

（c）蓟县鲁班庙主殿彩画

（d）蓟县鲁班庙斗拱彩画　　（e）蓟县鲁班庙抬梁木构彩画　　（f）温州鲁班祠的观戏彩画

图2-42　温州鲁班祠与蓟县鲁班庙彩画作对比

　　不同于蓟县鲁班庙将殿内抬梁结构施以彩画的做法，广府帮两座水木作行业会馆的彩画作集中于建筑的外檐墙面，而非殿内的大木作。两者的彩画作都出现了醉中八仙的彩画题材，但相比之下先师古庙的彩画题材更为广泛，增添了许多描绘行业生活、山水景观的内容，进一步证明了广府帮、温州帮在营造过程中更关注匠帮文化，而天津帮等北方匠帮更关注建筑的规制。（见图2-43）

（a）先师古庙村中嬉戏彩画

（b）先师古庙醉八仙图　　　　　　　　　　　　（c）鲁班行醉八仙图

（d）先师古庙"谈古论今"彩画

（e）先师古庙山水景观彩画

图2-43　广府帮水木作行业会馆彩画作对比

第四节　水木作行业会馆的地域分布

一、水木作行业会馆的分布特征

水木作行业会馆的分布范围十分广泛且密度较为不均。根据史料考据及田野调研的结果显示，历史上中国及海外地区所建立的水木作行业会馆总数至少为222座，分布于国内各地及马来西亚、印度尼西亚等东南亚地区，其中大多数水木作行业会馆以鲁班庙、公输子祠等鲁班祀所的形式出现。历史上水木作行业会馆在国内及海外的分布及数量如图2-44。现存水木作行业会馆分布如图2-45。

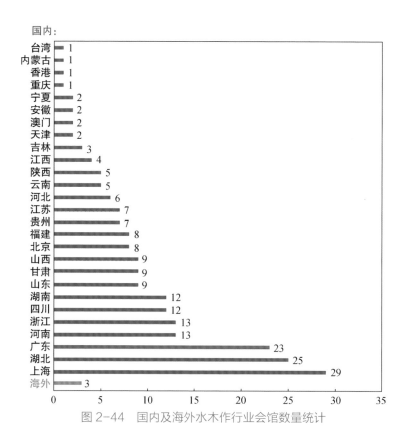

图2-44　国内及海外水木作行业会馆数量统计

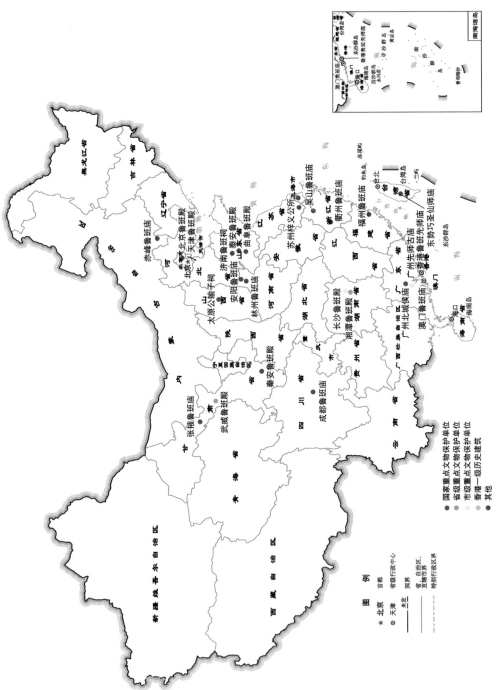

图2-45 现存水木作行业会馆全国分布图

从图2-44可以看出，水木作行业会馆分布广泛，覆盖了全国大部分省份。在总体数量分布上，尤以上海、湖北、广东最多，据课题组统计，清末湖北省内有1 100余座会馆，其中水木作行业会馆25座。广东省内水木作行业会馆23座，上海市内水木作行业会馆29座。这与当地在明清至民国时期快速提升的城市化与工业化水平相契合。

上海作为晚清时期第一批被迫开放的通商口岸之一，最早掀起了近代化建设的浪潮。随着上海的开埠，英法各国纷纷在租界建立起银行、领事馆、邮局等西式建筑，上海民居也受其影响完成了由中式传统建筑向里弄的转变。这期间，除了上海本帮浦东帮外，大量外地匠帮如宁波帮、香山帮、东阳帮等亦纷纷涌入上海水木作市场并建立会馆。与上海相似，湖北、广东省内水木作行业会馆的建立亦得益于武汉、沙市、广州的开埠。

近代化转型过程中城市的快速建设对水木作产生了巨大的市场需求，武汉、广州、上海等城市良好的水路交通条件、开放的经济政策促使其成为木材交易的主要集散地。匠帮的活动、木市的繁荣，共同造就了武汉、上海、广州、福州等城市水木作行业的繁荣，影响了水木作行业会馆的分布。

二、匠帮流动影响下水木作行业会馆的城市分布特征

匠帮在逐步发展壮大的同时，逐渐形成了成熟的经营活动网络。有些匠帮活动范围跨越多个省份，有些匠帮的营造活动囿于发源地。水木作行业会馆的分布与匠帮经营活动网络密切相关，而各个匠帮在营建活动中流动的范围不同，以此为依据可以将会馆的分布特征分为两类：集中分布于发源地、以发源地为中心向外散布。

（一）集中分布于发源地——武汉帮、浦东帮

此类水木作行业会馆以武汉帮、浦东帮会馆为典型，由于其匠帮活动

范围囿于发源地，因而其水木作行业会馆也往往建设在匠帮发源地所在城市。而在城市尺度上，其分布特点可归纳为两种：一是沿主要街巷、城墙、水系线性分布（武汉帮）；二是以市场为中心片状聚集，并向外点状扩散（浦东帮）。

1. 武汉帮水木作行业会馆分布与演变

武汉帮[①]活动范围集中于汉口、武昌，因此水木作行业会馆均建在汉口与武昌。汉口的水木作行业会馆均分布于华界区域，大部分位于由堤街、正街延伸出的巷道，整体呈现出大量会馆沿巡礼坊以西的街巷分布、少量沿汉水分布的特征。汉口水木作行业会馆的分布特征与汉口的业缘分区以及汉水优越的水运条件密切相关。与依赖于水运的商人会馆不同，水木作与居民生活中的住与行关系紧密，因此其会馆多分布于居民生活区。而1885年所建的土皇宫之所以位于杨家河码头处，原因在于汉口水木作所需的木材依赖于水路运输，会馆直通江岸，形成商业通廊，可将水木作匠帮及材料商帮直接引入馆中议事。

由前图2-12和图2-14可知，除大郭家巷鲁班阁建于康熙年间，汉口地区其余水木作行业会馆均建于1861年汉口开埠之后，且随着时间推移，建设地点逐渐向江边、玉带河靠拢。其演变趋势受到两个因素的影响：一是地价，匠帮财力与商帮相差甚远，随着汉口开埠，其无力购买汉口最繁华的汉正街及沿江一带的地皮，便只留杨家河码头处的一座会馆矗立江岸；二是玉带河的淤积，同治、光绪年间，玉带河自西向东逐步淤积，堤街以北出现大量土地，汉口掀起新的建设浪潮，四明公所以及砖瓦公所即建在原玉带河沿岸。

不同于汉口长距离、规模化的商业模式下清晰的工、商分区，武昌城内工、商会馆分区边界模糊，呈现出工、商业会馆结合分布于生活区的特征。由图2-46、图2-47中可知武昌水木作行业会馆分布，武昌水木作行业会

---

① 文帮与武帮，详见表2-6。

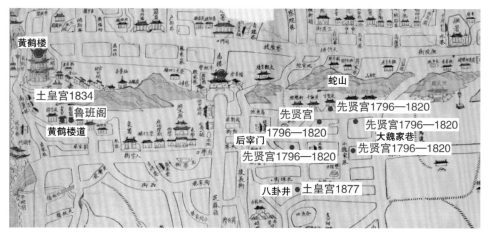

图 2-46　武昌城中水木作行业会馆分布
（底图为 1883 年《湖北省城内外街道总图》）

图 2-47　武昌城北水木作行业会馆分布
（底图为 1926 年《武汉三镇详图》）

馆均建于城内，整体呈现出沿蛇山以南、沿城墙分布的特征。对比汉口，武昌水木作行业会馆的分布呈现以下两点不同之处：一是水木作行业会馆并未与码头建立联系，而是与城门产生关联或临于城墙建设并平行分布；二是大部分水木作行业会馆建于蛇山以南的宗教建筑聚集区，与蛇山、宗教园林一起成为城市景观。

关于武昌水木作行业会馆分布的演变，结合图2-46与图2-47可知，道光十四年（1834年）前武昌地区建设的水木作行业会馆均紧邻蛇山南侧，光绪年间开始向南演变，并在光绪十九年（1893年）至1922年期间于保安门内保安街形成新的聚集区。其演变源于1909年武泰闸的建成，它使得从出江口至武泰闸河面增宽，船民和居民纷至鲇鱼套和武泰闸，此地迅速成为繁华之地。保安门连通了鲇鱼套与城内，这里逐渐成了新的水木作行业会馆聚集区。

武昌水木作行业会馆的分布体现了城市的两大特征：政治特征与宗教特征。首先，作为一座以政治为中心的城市，武昌沿江码头在晚清时期向来为军防重点，图2-48显示文昌门至城北码头附近驻扎了多个营盘，停靠条件较好的码头被划为军事重地，水木作行业会馆便未能与码头建立联系，转而向城内生活区发展或与城墙产生关联。将巡抚署老照片（见图2-49）与历史地图2-50进行对照，照片中竖起的铁旗杆可定位为历史地图中的巡抚署，照片左下侧即为魏家巷先贤宫所在区域，周边建筑均为一层，矮于巡抚署，以保证政权建筑的绝对地位。

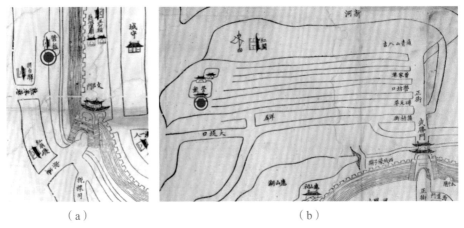

（a）　　　　　　　　　　（b）

图 2-48　武昌码头处的营盘

（截取自 1883 年《湖北省城内外街道总图》）

图 2-49　巡抚署

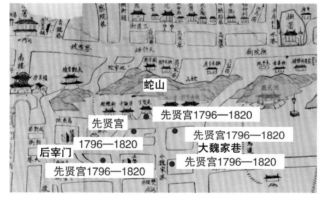

图 2-50　巡抚署与魏家巷先贤宫相对位置
（底图为 1883 年《湖北省城内外街道总图》）

　　其次，蛇山南环境优美，是城市景观的天然选址地，有大量宗教园林与学院园林在此聚集，将1883年《湖北省城内外街道总图》与乾隆五十九年（1794年）《黄鹄山①志图》对应可得出位于先贤街的先贤宫的大致形态（图2-51），这与1909年《湖北省城内外详图》中所绘先贤宫三进庭院形态（图2-52）相符合，图中先贤宫依山而建，三进院落逐层抬高，有着极其优越的景观条件与丰富的空间层次。除此之外，《武汉竹枝词》中有"姑姑烧香保安门，和尚骑马望山门"的典故，结合图2-53保安门内外出现的众多寺庙，可知武昌水木作行业会馆对其行业神崇拜的强化。

———————————————

　　①　黄鹄山为蛇山原名。

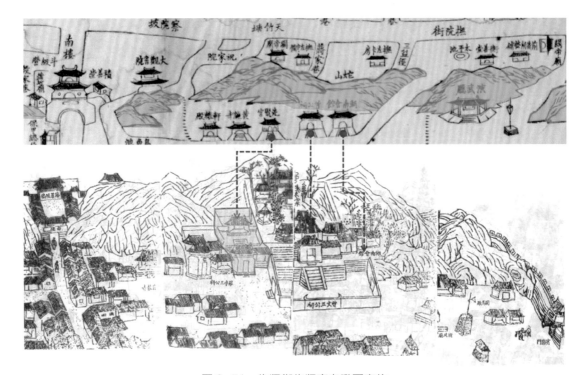

图 2-51　先贤街先贤宫鸟瞰图定位
（上图底图为《1883 年湖北省城内外街道总图》，下图底图为《黄鹄山志图》）

图 2-52　先贤宫的三进院落
（截取自 1909 年《湖北省城内外详图》）

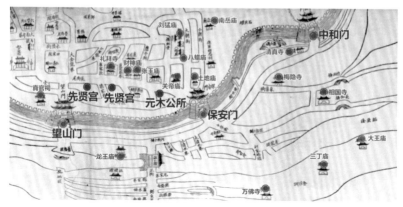

图 2-53　保安门内外寺庙分布
（底图为 1883 年《湖北省城内外街道总图》）

2. 浦东帮水木作行业会馆分布与演变

除了"中心集中，点状环绕"的特点，浦东帮水木作行业会馆在街区视角下亦与木市、码头形成了明显"码头—木市—会馆"的商业通廊。木排进入码头放排后可直接进入木市交易，流入市场的木料再经此商业通廊进入水木作坊，最终经匠人雕琢、打磨成为建筑中的雕梁画栋（见图2-54至图2-55）。

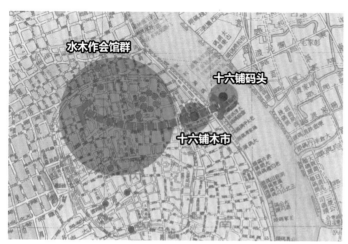

图 2-54　码头—木市—会馆
（底图为 1937 年《新上海市街图》）

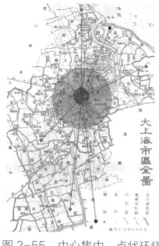

图 2-55　中心集中，点状环绕
（底图为 1937 年《新上海市街图》）

（二）以发源地为中心向外散布——广府帮

呈现此类分布特征的水木作行业会馆以广府帮为主。全国尺度上，广府帮所建水木作行业会馆的分布特征呈现明显的以发源地广州为中心，且以广州最多，由广州向周边城市扩散，建设数量递减的趋势。而在城市尺度上，广府帮水木作行业

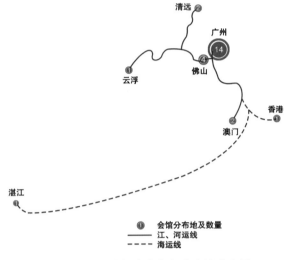

图 2-56　广府帮水木作行业会馆分布图

会馆在广州市的分布特征与武汉帮水木作行业会馆在汉口的分布特征极为类似，均在水木作发展初期沿江分布，且随着时间的推移逐渐向城市建设方向靠拢（见图2-56至图2-57）。

图 2-57　城内广府帮水木作行业会馆分布图

（底图为 1948 年《广州市街道详图》）

三、木材市场影响下水木作行业会馆的城市分布特征

水木作行业会馆的建设除了与匠帮有关，也离不开木材市场的繁荣。东北林业大学王长富教授所著《中国林业经济史》将明清至新中国成立前的国内木材市场概括为大连、大东沟、奉天、汉口、哈尔滨、福州、上海、北京、天津九大木材市场[①]，在此之后北京林业大学博士梁明武所著《明清时期木材商品经济研究》进一步将九大木材市场归纳为输出型木材市场、消费型木材市场、口岸型木材市场、贸易型木材市场四大类[②]。将前人的研究与历史中各大城市所建水木作行业会馆分布进行分析，得出木材运输网络密度较大、水木作行业会馆建设数量较多的城市为上海、武汉、广州、福州、北京、天津、苏州、长沙、湘潭、温州等城市，同时由于忻州市场是山西的主要林区且著名的北方匠帮五台帮发源于此，湘潭市场是湘江流域重要的转运枢纽且湘潭泥木工会发源于此，因此这两个市场虽不是前人所总结的九大木材市场，但依然拥有繁华的木市贸易、技艺精湛且颇具规模的匠帮以及保留完好的水木作行业会馆，因此亦将二者列入讨论范围。本节将以运输功能与运输方向为划分依据，将明清至新中国成立前这一时期的上述木材市场归纳为输出型木材市场、输入型木材市场和枢纽型木材市场，分别分析城市尺度上木材市场的建立对水木作行业会馆分布的影响。

（一）输出型木材市场与水木作行业会馆分布

武汉、福州、忻州三大木材市场是典型的以木材输出为主的市场。三

---

① 王长富. 中国林业经济史[M]. 哈尔滨：东北林业大学出版社，1990.

② 梁明武. 明清时期木材商品经济研究[M]. 北京：中国林业出版社，2012.

者均居于林区边缘、江河处，汇集了大量的木材，在当地无法完全消化，必须将大量木材向外输送，因此武汉、福州、忻州三大木材市场可归纳为输出型木材市场。

1. 武汉

武汉木市的木材来源于湖南、江西等省份，木材排运至此由小排改为大排，再向长江下游的安庆、南京、镇江等城市分散。长时间的木材交易使得武汉早在明清时期就形成了稳定的木材交易市场，主要集中在鹦鹉洲。同时武汉也是水木作匠帮文帮、武帮的发源地，武汉水木作行业会馆集中分布于汉口、武昌。由于汉口的码头被各商帮把持，武昌的码头被军事营盘占据，因此两地的木市、水木作行业会馆均未直接和码头建立联系，木市与水木作行业会馆隔水相望，形成"木市—河道—水木作行业会馆"的分布模式（见图2-58至图2-60）。

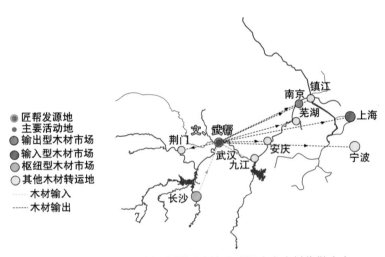

图2-58　武汉文、武帮主要活动地及武汉木市木材集散方向

图 2-59　武汉鲇鱼套木市
（底图为《1926 年版武汉三镇详图》）

图 2-60　武汉鹦鹉洲木市
（底图同左）

2. 福州

福州木市由于交易多，贩路广，与大东沟木市并称为"清国双绝"[①]。福州木材市场的优点可以概括为以下三点：一是福州是木材原产地，运输十分便利；二是福州的商业环境有利于木材市场的繁荣；三是福州海运便利，以宁波帮为首的具有强大海运优势的商帮咸聚于此，将福州杉木运往宁波、上海、天津等城市（见图2-61、图2-62）。福州的水木作行业会馆均位于城外手工业区内，木市也分布于城外南台，二者均借助闽江的水运优势向城外扩展，形成了图2-63所示的"城内商业，城外手工，闽江木业"的鲜明分区，这一点与汉口的工商混合模式相异。福州水木作行业会馆就设立在木市到城内的必经之路上，便于木材的运输与加工。

---

① 王长富. 中国林业经济史[M]. 哈尔滨：东北林业大学出版社，1990：423. 由于大东沟未有留存至今的水木作行业会馆，这里不做赘述。

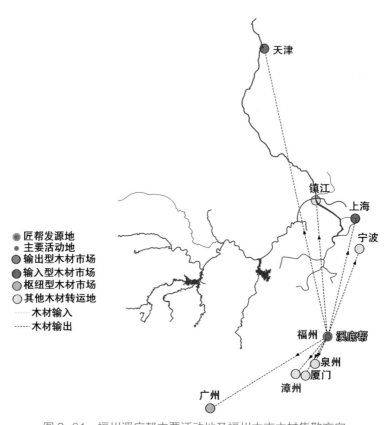

图 2-61　福州溪底帮主要活动地及福州木市木材集散方向

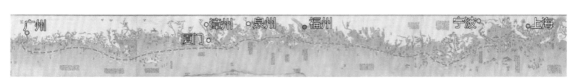

图 2-62　福州木材海运图

（底图为 1881 年《七省沿海图》）

图 2-63　福州"城内商业，城外手工，闽江木业"的功能分区
（底图为 1938 年《福州市街图》）

3. 忻州

山西的林业资源十分丰富，方山、五台山、交城等地的几处森林是山西木材市场的主要木材产地。除了林业资源丰富这一优势，晋商的足迹也遍布全国，是活跃在北京、武汉、广州等地木材市场的主要商帮。丰富的林业资源、优越的行商背景使山西木材不仅支撑着太原、临汾等城市古建筑的建造，更被大量输送至北京、长沙等地。明成祖迁都北京时曾采木于山西五台山，据《明文海》记载，嘉靖年间山西木材商人在北直隶真定府一带非常活跃，以至于当地地方官员曾令山西巨商采伐皇木。万历二十四

年（1596年）亦有关于山西商人从五台山运输木料的记载①。得天独厚的林业优势孕育出五台帮这一黄河流域的著名水木作匠帮，其水木作行业会馆公输子祠亦保存至今（见图2-64）。

（a）山门　　　　　　　（b）主殿　　　　　　　（c）鲁班神像

（d）木作　　　　　　　（e）屋顶瓦作　　　　　　（f）山门瓦作

图2-64　公输子祠的建筑单体及特征

（二）输入型木材市场与水木作行业会馆分布

与输出型市场相反，输入型木材市场中本地消费占绝对比重。上海、北京、天津三大木材市场是典型的以木材输入为主的市场。

1. 上海

上海木材市场主要输入来自福州、广州、武汉以及丹东的木材，虽然仍有部分木材转运至南京、镇江、杭州等周边城市，但数量较少，上海的木材市场仍以本地消费为主（见图2-65）。上海木市设立于杨树铺和十六铺码头附近，浦东帮大量的水木作行业会馆集中分布于主城区临街处，形成了"码头—木市—水木作行业会馆"三点贯通的商业通廊（见前图2-54至图2-55）。

---

① 高春平. 晋商学[M]. 太原：山西经济出版社，2009：200.

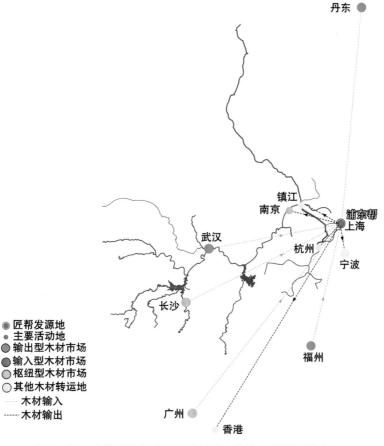

图 2-65　上海浦东帮主要活动地及上海木市木材集散方向

2.北京

明清时期的北京多次大兴土木，所需木材大量来自丹东、福州和南昌（见图2-66），以往学界对北京木市的认识囿于通州，但其实北京最大的木市是设立于城东张家湾的"皇木厂"，《古运回望图》就对张家湾木市贸易进行了生动的描绘（见图2-67）。张家湾木市位于通州木市的南部，与通州地理位置十分相似，均远离皇城区而临近北运河。虽然1886年北京城郊图中没有显示张家湾与北运河、皇城之间有直接的水路连接，但1884年《全漕运道图》中却显示，北运河与张家湾之间存在直接的水系联通，这为张家湾木市提供了便利的木材排运条件（见图2-68）。

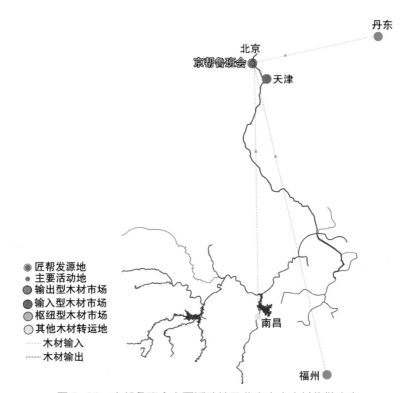

图2-66　京帮鲁班会主要活动地及北京木市木材集散方向

（a）

（b）

（c）

图 2-67　《古运回望图》张家湾篇

图 2-68　《全漕运道图》中的张家湾

（截取自 1884 年《全漕运道图》）

北京作为以政治属性为主导的城市，城内很少出现商业会馆，但在皇家工程建设的过程中，水木作匠帮利用工程之便就近选址建立了大量的水木作行业会馆，如东岳庙鲁班殿、海淀区鲁班庙便是工匠为了祈求祖师保佑东岳庙、颐和园的顺利完工而建。同理，天津文庙旁的鲁班庙、太原晋祠内的公输子祠、泰安岱庙内的鲁班庙均由此建成。以祈求营造工程顺利之名在文庙、东岳庙等承担朝廷、百姓正祀的庙宇内或附近建立自己行业的会馆，极大地提高了水木作匠帮的社会地位，满足了从业者在"士农工商"等级背景下的精神需求（见图2-69）。

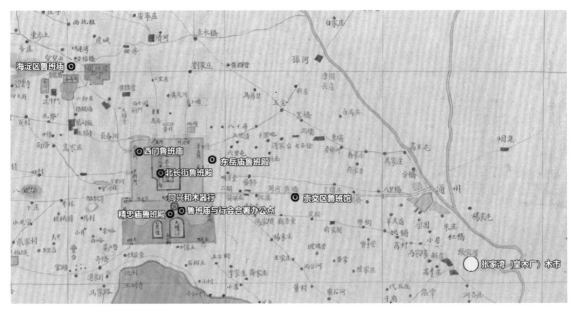

图 2-69　北京木市及水木作行业会馆分布图

（底图为 1886 年《北京城郊图》）

3. 天津

天津木材市场分布于天津城内、太沽、咸水沽、下郭庄和西沽。城内木市用于供应本地需求，下郭庄和西沽则负责转运。木材主要来自福州、丹东、长沙，经海船、火车运至下郭庄，进入城内完成供应后，再由西沽木商转运至大运河流域各城市^①（见图2-70、图2-71）。天津水木作行业会馆建立于蓟县鲁班庙，是在修建皇家工程时为祈求营建工作顺利完成而建立的。

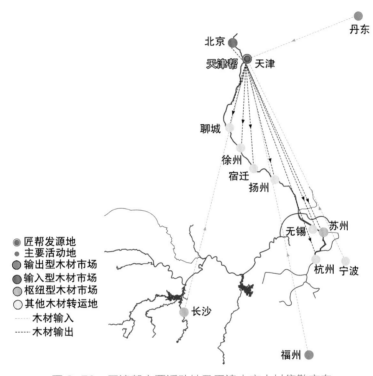

图 2-70　天津帮主要活动地及天津木市木材集散方向

图 2-71　天津木市

（底图为《天津城厢保甲图》）

---

①　王长富. 中国林业经济史[M]. 哈尔滨：东北林业大学出版社，1990：447.

（三）枢纽型木材市场与水木作行业会馆分布

1. 广州

广州地处三江汇合之处，便利的海运、河运使其成为明清时期华南地区的交通中心。明清时期，广州通过水道和驿道与外界保持交通联系，其中水道是主要的对外通道。广州的远洋航线可抵达南洋诸国、非洲东岸国家和日本，而短途的内河运输则主要有四条线路，分别向东、南、西、北延伸。其中，木材运输主要依赖于西路水线。这条西路由广州出发，逆西江而上，穿越广西，经过浔江、桂江、贺江到达柳州、桂林，随后通过灵渠进入湘江水系，再进一步西行至巴蜀地区。在这一通道上，来自广西、湖南、江苏、安徽等省区的木材与广州的铁器、陶瓷等商品实现了交易。

广州的木市位于城外西南角的如意坊码头处，码头北侧便是大片滩涂地，十分有利于木排的装卸、存放与粗加工。转运至此的木材可向南入海流入福州市场，亦可直接进入广州市场（见图2-72）。明清时期广州有超过

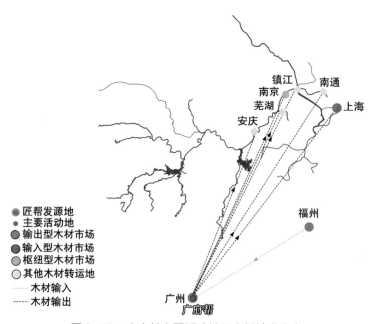

图 2-72　广府帮主要活动地及木材输送方向

半数的水木作行业会馆建于临近滨江码头处以及木材入城通道上九甫路两侧，方便木材便利地进入会馆中。广州城内水木作行业会馆的分布特征与城市的商业发展、城市的建设方向息息相关，因此与汉口相似，整体呈现出沿珠江、沿城市主要商贸街、临居民区分布的特征。水木作行业发展初期依赖于广州优越的水运条件，因此初期有部分水木作行业会馆位于滨江处与商贸街。而随着广州的开埠，大量水木作行业会馆开始与里分居住区结合，形成以水木作行业会馆为核心、里分环绕的空间模式（见图2-73至图2-76）。

图2-73　广州木市及水木作行业会馆分布图
（底图为《1948广州市街道详图》）

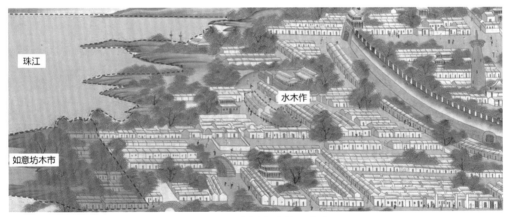

图2-74　广州水木作及木市
（底图为《清乾隆时期广州鸟瞰图》）

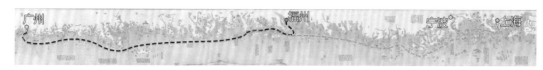

图 2-75　广州木材海运

（底图为《七省沿海图》）

（a）　　　　　　　　　　　　　　　　（b）

图 2-76　古画中的广州水木作屋顶

（截取自《清乾隆时期广州鸟瞰图》）

2. 南京、苏州

江南本土的木材产量很低，营建工程所用木材需要从外地大量输入，因而江南地区的木材市场极为繁荣，属典型的枢纽型木材市场。康熙年间记载江南木市："皇木……首责省滩承值……苏、常各属……停泊亦多。"[①]江苏的木材市场中，以南京的贸易最为繁盛，苏州、常州等地次之。

明清时期江南地区最大的木材交易市场在南京上新河。明清时期，于江心洲的夹江之东开凿上新河，便于大批木排、竹筏的停靠与分散。随后为满足运输需求又接连开凿出中新河与下新河。中新河、上新河连通，主要用于停泊官船，下新河则主要用于贩运木材。江西、四川、湖南、贵州上游的竹木汇集于此，并转运到江南苏州、常州和苏北淮扬一带。《南京

---

① 张晓旭. 苏州碑刻[M]. 苏州：苏州大学出版社，2000：113-114.

通史·明代卷》记明朝时期的上新河大胜关和龙江关"数里之间，木商辐辏"，可见当时南京木材市场的繁荣[①]。南京水木作行业会馆有张府园普安会馆与柳叶街普安公所。张府园普安会馆紧邻城内木料市场，柳叶街普安公所紧邻内秦淮河，与城外上新河木市相通（见图2-77、图2-78）。

图 2-77　南京木市及水木作行业会馆分布图

（底图为《金陵省城古迹全图》）

图 2-78　南京城外木行、船行

（截取自《南都繁会图》）

苏州是明清时期三大匠帮之一"香山帮"的发源地，也是重要的水运枢纽城市，其水运交通条件相较于其他城市具有显著优势。云贵、川渝、

---

① 南京市地方志编纂委员会办公室．南京通史：明代卷[M]．南京：南京出版社，2012：415．

湖南等地的木材通过长江顺利抵达苏州，随后依托大运河，木材、大米、丝绸等重要物资得以源源不断地运往天津、北京等地（见图2-79）。以苏州为核心的太湖流域商业贸易区，在经济层面占据了举足轻重的地位，对中央政权的经济命脉起到了掌控作用。

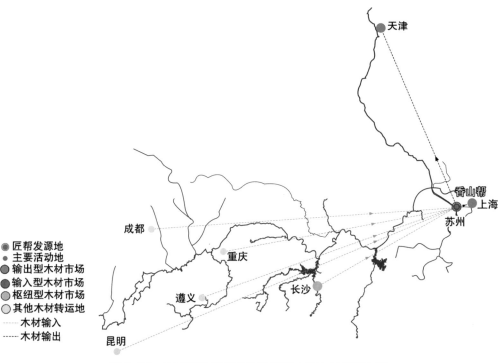

图2-79　香山帮主要活动地及苏州木市木材集散方向

苏州木材市场主要由位于齐门的东西汇以及枫桥承担。明清时期，东西汇之木云委山积，到了道光年间，木商就在齐门西汇市场建立了大兴会馆。《姑苏繁华图》中有多处关于木行、船行、砖瓦行、石灰行等水木作行业作坊及木市贸易的描绘。苏州城内的水木作行业会馆建于憩桥巷、观前街，齐门外的东汇、西汇木市临近护城河，经城内水道入城可直达观前街梓义公所（见图2-80、图2-81）。

图 2-80　苏州木市及水木作行业会馆分布图

（底图为 1914 年《新测苏州城厢明细全图》）

图 2-81　古画中的苏州竹器、船行、砖瓦石灰行

（截取自 1759 年《姑苏繁华图》）

3. 长沙

湘江流域的竹木集散地以长沙为最，长沙木材交易市场有二，即上游的灵官渡码头和下游的下木码头。至于木材的来源，主要可划分为东、南、中、西四条路径。东路木材主要来自浏阳，南路则源自衡阳，中路来自益阳，而西路则是由常德供应。灵官渡码头主要汇集的是从衡阳上游运来的东湖木，这些木材在完成税收和拆解手续后，会被转运至下木码头、草河街及保城堤一线，然后经过重新装载，最终运往汉口。由于此处优越的水运条件和繁华的木材贸易市场，长沙的水木作行会泥木工会亦选择将水木作行业会馆建于湘江之滨、临近城市主干道中山路。至今，孚嘉巷鲁班庙仍保留完好，宝南街鲁班庙虽已遭拆毁但在历史地图中仍可见其昔日形制（见图2-82至图2-84）。

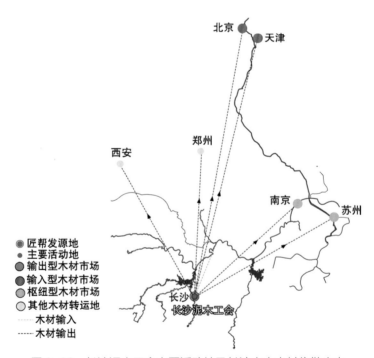

图 2-82　长沙泥木工会主要活动地及长沙木市木材集散方向

图 2-83　长沙木市及水木作行业会馆分布图
（底图为 1941 年《长沙市图》）

图 2-84　宝南街鲁班庙
（截取自 1930 年《湖南省城内外
详细图》）

4. 湘潭

湘潭自古以来就是湖南重要的木材集散地，湘江上游的木排大多在此云集。自康乾盛世至清朝末年，湘潭作为长江中游的关键港口，拥有四十余处码头，水运事业尤为繁荣，呈现出街市鳞次栉比，江中帆樯云集的盛景。湘潭城区沿岸从郡家巷码头延伸至十三总码头长达670米，是湘潭水运的核心区域，承载着重要的水运任务。从嘉庆二十二年（1817年）湘潭城总全图中可以看出当时湘潭沿岸几十处码头一字排开，码头上的装卸作业甚为繁忙。图中水木作行业会馆位于湘潭九总，可直入湘江，优越的建材、水运优势为水木作行业的发展提供了强大的助力，湘潭匠帮也练就了巧夺天工的木雕、灰塑技艺（见图2-85至图2-88）。

图 2-85　十八总与鲁班殿
（底图为 1818 年《湘潭城总全图》）

图 2-86　鲁班殿与码头相对位置

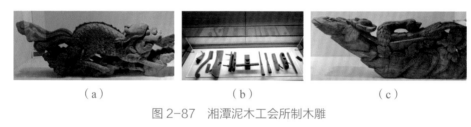

（a）　　　　　　　　　（b）　　　　　　　　　（c）

图 2-87　湘潭泥木工会所制木雕

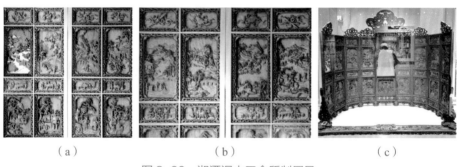

（a）　　　　　　　　　（b）　　　　　　　　　（c）

图 2-88　湘潭泥木工会所制屏风

5. 温州

温州水木作不仅承担着建筑营建工程，也在造船工程中担任着角色。温州自古以来就是全国造船中心之一。隋唐以后，温州开拓海上航运，年产六百余艘战船，木帆船制造十分发达。唐贞观二十年（646年），唐太宗令造大船征高丽，使用了大量产自温州的樟、楠、梓、松、杉、柏、石栎等大树古木。北宋元祐五年（1090年）诏"温州、明州（今宁波）岁造船以六百只为额"，此时各郡官舟也在温州建造，温州造船业已居全国之首。南宋官办造船厂，除承担建造大批战船外，还有三百四十艘粮船。后来，温州一直是官办造船厂承造战船与漕运船只的基地。明清时期，仅民间每年修造运输船只与大小渔船达二三千艘以上，所耗珍贵优良阔叶树材与古松、巨柏、大杉等针叶树材，不可胜计[①]。水运方面，温州是瓯江流域重要的转运城市，瓷器、木材等重要物资沿瓯江而下，经温州转道运往宁波或福建泉州从而进一步出口海外（见图2-89至图2-90）。温州水运、木材资源的丰富造就了温州帮水木作工匠精巧的木雕、灰作技艺，温州匠帮所建水木作行业会馆鲁班祠位于永嘉县埭头村，馆中天花、额枋、扁作梁等处木雕精美，是现存水木作行业会馆中难得的佳作（见图2-91）。

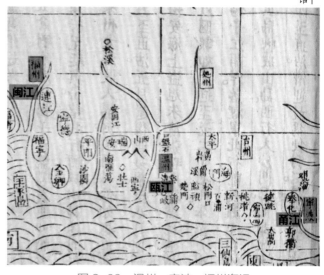

图2-89　温州、宁波、福州海运
（底图为《海运三图》）

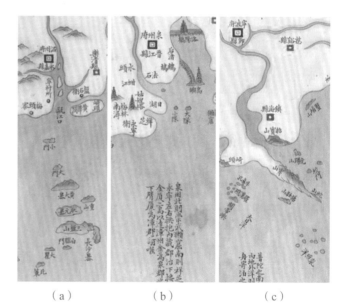

（a）　　　　　（b）　　　　　（c）

图2-90　温州、泉州、宁波入海口
（截取自《七省沿海图》）

---

① 温州市龙湾区农林局. 龙湾农业志[M]. 北京：方志出版社，2011：229.

（a）　　　　　　　　　　　　（b）

图 2-91　温州鲁班祠木雕

四、木材市场与水木作行业会馆分布模式总结

水木作行业会馆的分布与城市功能、地域环境以及木材市场的位置息息相关，通过对木材市场分布与水木作行业会馆分布的关系研究，总结出以下水木作行业会馆与木材市场在城市中的分布模式。

（一）码头—木市—水木作行业会馆

此类模式中水木作行业会馆与木市、码头三者的位置依照排运、卸货、粗加工与交易、入市的流程拟合于线上，且往往存在一条直连码头与水木作行业会馆的街道方便木材的运输，形成一条行业通廊。木材在码头卸下后可直接在木市完成交易、通过街道进入水木作行业会馆或作坊。这类模式最为常见，广泛出现于商业贸易发达的城市，典型的案例有上海、广州、湘潭、长沙、南京（见图2-92[a]）。

（二）木市—河道—水木作行业会馆

此类模式中水木作行业会馆与木市隔水相望，出现这种情况的原因有二：一是水道将城市划分为多个部分；二是木材的输入或转运量过大，需要多个木市分散设置以缓解运输压力。这类模式常见于输入型、枢纽型木材市场中，典型的案例有汉口、福州等城市（见图2-92[b]）。

（三）木市—城墙—水木作行业会馆

此类模式中水木作行业会馆与木市之间以城墙为隔，水木作行业会馆常位于城内而木市位于城外。水木作行业会馆在城内不仅进行建筑营建的业务活动，还承担着行业的行政管理职责，而城外的木市承担着主要的商业贸易职责。这类模式常见于政治属性较强的城市中，典型的案例有武昌、北京等城市（见图2-92[c]）。

（a）码头—木市—会馆　　（b）木市—河道—会馆　　（c）木市—城墙—会馆
图 2-92　水木作行业会馆与木材市场在城市中的三种分布模式

第五节　水木作行业会馆建筑实例解析

一、天津蓟县鲁班庙

（一）历史沿革与地理区位

蓟县鲁班庙位于天津市蓟县（现为蓟州区）城区中心的鼓楼北侧、蓟县文庙东侧。蓟县位于蓟运河上游，与天津木材市场距离120千米，境内河道纵横，南方的木料可通过汉沽沿蓟运河进入蓟县城南的蔡庄码头，水运优势突出（见图2-93）。

蓟县鲁班庙始建年代不详，今存建筑为清光绪三年（1877年）重修。由图2-94可见院内《功德碑》上记载恒和局等九家木厂以及样式雷第七代传人雷廷昌在重修中施助了银两，《重修公输子庙碑记》上记载修建定东陵时"工首步廷正率众匠谒庙焚香，观凋残之状，慨然有感：'吾自兴工以至于今，一切平安，皆仰赖祖师之默佑也'……因旧址而更新之正殿、东西配殿"。同时，碑中记载恒和局木厂在城南蔡庄码头建立了占地数十亩的木材加工厂，修建定陵所用的铁糙木在此加工。工匠借建定东陵之便，使用修建陵墓的余料重建了鲁班庙，使得天津蓟县鲁班庙成为水木作行业会馆中用料最为贵重的实例，现为天津市市级文物保护单位。

 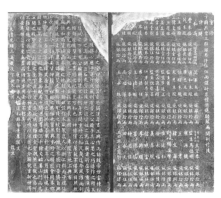

图 2-93　蓟县鲁班庙区位图　　　　图 2-94　碑刻拓印

（二）空间布局与结构装饰

蓟县鲁班庙为典型的北方四合院布局，由山门、大殿和东西配殿、东西厢房组成，占地八百多平方米。山门和东西厢房之间的空地设置耳房作为厨房、卫生间。主殿与配殿之间的空地为露地，两座石碑矗立于此。（见图2-95至图2-97）

山门面阔三间，进深二间，明间正中设板门和抱鼓石，次间外檐封护，开六角形花窗。屋顶为硬山顶，上覆青色筒瓦，瓦头以瓦当收口，并设置钉帽和滴水，屋脊上吻兽、脊兽齐全，属于大式瓦作的规格。正脊两端装饰清水龙头鱼尾吻，但脊身除了勾缝外并无装饰。山门为梁柱结构，并无斗拱，梁、坊柱头装饰旋子彩画，垛头中部是装饰的主体，图案多样，有简单的万字纹，亦有精巧的花草纹饰。

图 2-95　蓟县鲁班庙鸟瞰

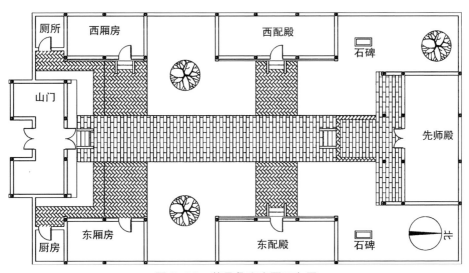

图 2-96　蓟县鲁班庙平面布局

图 2-97　蓟县鲁班庙剖面布局

　　进入山门，两侧为东西厢房、东西配殿，除东厢房现改为管理用房外，其他均作展览之用。厢房、配殿形式相近，均为面阔三间，进深一间，为民间小式做法。硬山屋顶上无多余装饰，仅垛头雕刻山水景观、盖瓦瓦头作花边装饰。

　　大殿的构造为面阔三间，进深一间，并设有前出廊。其中，明间安装着斜格菱花格门，次间则设有槛墙和格扇窗。檐下斗拱采用了一斗三升交麻叶的样式，角科宝瓶下则延伸出单昂。此外，内、外檐上绘制了旋子彩画，枋心则描绘着精美的什锦云纹，整体画工细腻入微。屋顶为九脊歇山顶，屋脊两端装饰琉璃鱼龙吻、琉璃筒瓦，交脊处作排山列于山墙之外，十分精美。整座大殿造型别致、雕梁画栋，现在殿内供奉着鲁班及其四位弟子的塑像（见图2-98）。

（a）门房南立面

（b）门房北立面

（c）主殿（先师殿）

（d）东、西厢房

（e）配殿

（f）辅助房间

图2-98　蓟县鲁班庙各单体建筑组成

二、湘潭鲁班庙

（一）历史沿革与地理区位

鲁班殿位于湘潭市自力街兴建坪，据《湘潭县志》记载，鲁班殿建于湘潭第九总，始建于明代，宣统三年（1911年）毁于火灾，于民国四年（1915年）由湘潭水木作工人共同出资重建。民国十五年（1926年）湘潭泥木工会成立，选定此处作为工会办公处，并在此创办了公输小学，专门招收泥木工人的子女入学接受教育。此后，鲁班庙多次被学校用作教学场所。2002年鲁班庙被列入湖南省省级文物保护单位。2006年鲁班殿进入抢救性保护利用阶段，至今已完成了戏台、大殿的加固工作。

湘潭属于湘江流域，境内涓水、涟水多条河流汇入湘江，水文条件发达，康雍时期湘潭就借助优越的水路运输成为湖南的贸易中心，万商云集，水木作市场兴旺，"金湘潭"烜赫一时。图2-99中模型依据嘉庆《湘潭县志》制作，清楚地反映出鲁班殿所在的自力街直通第九总码头，为水木作行业发展提供了绝佳的区位条件。

（a）　　　　　　　　　　　（b）

图 2-99　湘潭鲁班殿区位图

（二）空间布局与结构装饰

湘潭鲁班殿坐北朝南，南北长约50米，东西宽约16米，占地面积约800平方米，建筑布置格局中轴贯通，中轴线上依次为山门、戏台、主殿，整体布局左右对称。主体建筑由楼阁式主殿和戏台组成，结合左右的廊庑（已毁）组成一进式的建筑组群（见图2-100至图2-102）。

图 2-100　湘潭鲁班殿鸟瞰图

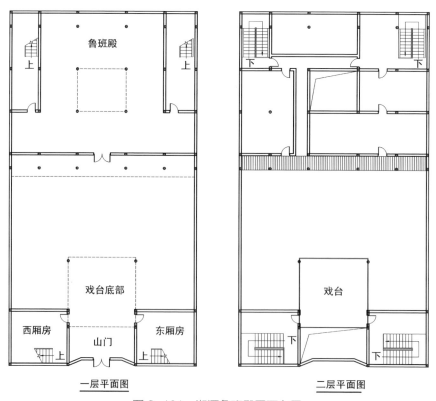

一层平面图　　　　　　　　　　二层平面图

图 2-101　湘潭鲁班殿平面布局

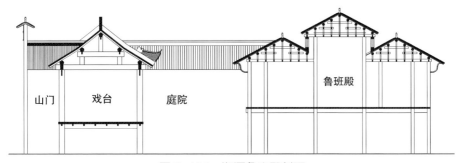

山门　　戏台　　　庭院　　　　　　　　　　鲁班殿

图 2-102　湘潭鲁班殿剖面

　　该建筑的入口大门独具特色，其门楼上覆盖着双坡屋顶，屋顶上点缀着金色琉璃瓦当和滴水，墙面则饰以灰塑组图，图案内容丰富多彩。其中包括描绘湘潭码头水运繁盛图景的十八总全图，象征吉祥如意、福寿安康的鹿、仙鹤与万字纹，体现鲁班典故的野草、木鸢等元素，反映水木作品的桌子、椅子等家具元素，以及描述传统神话和故事情节的人物组合（见图2-103）。这些装饰不仅展示了湘潭水木作匠人的精湛技艺，也体现了其深厚的文化底蕴。

（a）湘江十八总

（b）家具、鹿、野草

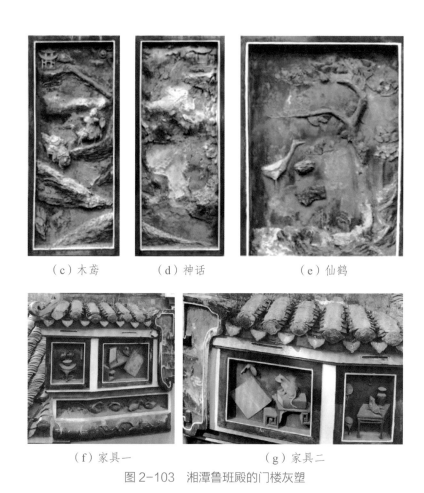

（c）木鸢　　　　　（d）神话　　　　　　　（e）仙鹤

（f）家具一　　　　　　（g）家具二

图2-103　湘潭鲁班殿的门楼灰塑

　　进入大门是戏台底层空间，穿越低矮的戏台后空间豁然开朗，两层穿斗式木构架结构的主殿映入眼帘。主殿面阔五间，进深三间，前后出廊。屋顶形式为硬山顶，因形制的限制未使用斗拱，而是使用穿斗式木构架。两侧封火墙错落有致，屋脊两端装饰彩色琉璃鱼龙吻，中间双龙戏珠作为脊刹。屋面瓦作虽为青色阴阳瓦，却以金色琉璃瓦当、滴水装饰瓦头，利用亮眼的色彩达到画龙点睛的目的。戏台设立于门楼背面，正对大殿，左右两侧设立两层门房作为戏台辅助空间，楼梯、候场间都隐于门房中，保证了戏台立面形式的纯粹与简洁。戏台形式玲珑轻巧，飞檐翘角，屋面下施八角藻井，建筑形象活泼生动（见图2-104）。

（a）室内屋架   （b）中庭   （c）室内屋架

（d）门楼   （e）大殿   （f）戏台

图2-104　湘潭鲁班殿的木作与建筑单体

三、汉口宁波会馆

西式建筑风格的水木作行业会馆诞生于汉口、宁波、上海等港口城市。随着汉口、上海等城市的开埠、租界的建立，国内建筑风格开始发生变化。开埠之前，这些城市的建筑与其他中国市镇一样为木构瓦房的传统中式建筑。开埠后，租界内各式建筑如雨后春笋般涌现，西式的建筑风格使其面貌焕然一新。其中，宁波帮、浦东帮匠师创办的营造厂承建了数量众多的近代建筑。西式建筑的传入并未立刻对华界建筑尤其是会馆产生影响，直至兵燹产生的损失使人们不得不重视建筑防火问题，开始以砖石结构代替砖木结构原址或异地重建会馆。以宁波帮于1924年异地重建的宁波会馆为例，不同于开埠前木构屋顶、多进庭院的建筑风格，汉口宁波会馆已经转变为古典主义风格。重建的宁波会馆在平面布局、立面构图、装饰细部上都有了较大转型。

平面布局上，宁波会馆一改武汉的水木作行业会馆以往由门房、主殿、围墙组织而成的多进院式格局，转为以室内中庭、内廊为中心，各功能房间围绕中庭与内廊布置的独栋建筑。中庭式的布局保留了院落围合所营造的丰富的空间体验，与内廊式的结合亦使建筑平面组织更加紧凑，符合老街区因用地紧张产生的高空间利用率需求（见图2-105）。

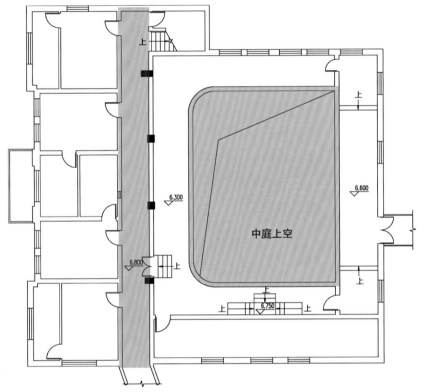

图 2-105　宁波会馆的内廊式与中庭式的结合

立面构图上，宁波会馆前身浙宁公所为两层，而武汉存在的大部分水木作行业会馆均为一层。除此之外以往的水木作行业会馆，无论南北地域差异如何，屋顶均为传统的庑殿式、歇山式或硬山式屋顶，且随着时间的推移，屋顶形式逐渐简化，硬山式屋顶的大量使用反映了会馆营建者对防火问题的重视。而这之后建立的宁波会馆立面构图转变为竖向三段、横向五段的古典主义构图，中央和两端向外凸出，除中央门窗设计为拱形强化入口外，其他均为方窗，形成主次分明、轴线对称的构图（见图2-106、图2-107）。

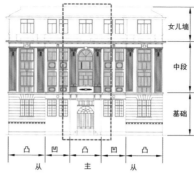

图 2-106　宁波会馆立面　　　　　图 2-107　宁波会馆立面构图

装饰细部上，重建后的宁波会馆装饰主要集中在门廊、壁柱、门窗中，装饰中融合了大量的中国传统元素。门廊上的石构件替代了中国传统的斜撑，构件中空，饰以铜钱串造型。壁柱的装饰以成排的铜钱作为横向构图、以竹简作为竖向构图，竹简上装饰交叉线条作为系绳，形成中西融合的新型装饰样式。门窗上雕饰层层拱形、方形的线脚，并雕刻出精美的窗楣（见图2-108）。

（a）入口　　　（b）门廊　　　（c）壁柱　　　（d）窗楣　　　（e）门窗装饰

图 2-108　宁波会馆装饰细部

四、广州先师古庙

（一）历史沿革与地理区位

先师古庙藏身于广州市番禺区三善村鳌山古庙群。三善村位于番禺沙湾西南部的小洲之上，与紫坭村紧密相连，是广东省具有悠久历史的传统村落。村民多以水木作为业，将水木作称为"三行"，即木工、水工、搭棚工，从事三行的匠人称为"三行佬"。村中名匠辈出，北京颐和园、广州陈家祠等建筑的灰塑、砖雕、木雕等不少工序都出自三善村的工匠之手。

鳌山古庙群由先后建于明清两代的五座古庙报恩祠、鳌山古庙、社稷神坛、先师古庙、神农古庙组成，20世纪90年代重修时增建了潮音阁。其中的先师古庙是专祀鲁班的庙宇，也是当地三行佬聚会议事之处。先师古庙建于清嘉庆、道光年间，咸丰、同治、光绪及民国年间均有重修，1994年重修成现状，2002年确立为广州市文物保护单位。（见图2-109、图2-110）。

先师古庙坐东北向西南，中轴线上依次为前厅、山门及正殿，共占地105.74平方米。前厅正面无门，临街立面只开方形大窗一面，前檐是厅，中间是卷顶廊，有门通"社道"出入。从社道进入出入口，一侧为山门、正殿，一侧为前厅，山门顶石额刻"先师古庙"四字，大殿内供奉鲁班及其弟子塑像（见图2-111至图2-114）。

前厅、山门与后殿均为硬山顶，人字封火山墙，灰塑博古脊，绿灰筒瓦，青砖墙。前厅为拜亭，饰有多幅壁画，壁画内容丰富，有人物、山

图2-109　先师古庙总平面

图2-110　先师古庙区位

水、花鸟等，画功精湛。拜亭临街，正面却并未开门，而是嵌入大面积的黑色花窗，花窗两侧装点了精美的彩色堆塑、灰色砖雕，题材上以神话传说、福寿纹、花草、动物为主，雕刻得栩栩如生。山门为花岗岩石门框，石额印刻"先师古庙"，墙楣饰"醉中八仙"壁画（见图2-115和图2-116）。

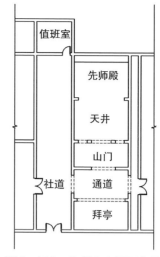

图2-111　先师古庙平面布局

图2-112　鸟瞰图

图2-113　山墙

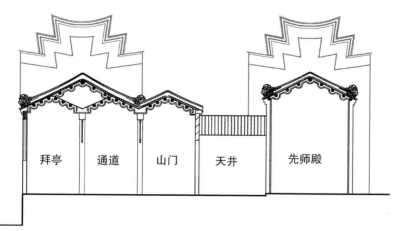

图2-114　先师古庙剖面

（a）临街立面

（b）山墙立面

（c）山墙立面

（d）拜厅立面

（e）山门立面

图 2-115　先师古庙立面

（a）薛丁山征西

（b）砖雕束莲 （c）砖雕福寿 （d）砖雕花草 （e）彩色堆塑

图2-116 先师古庙山门装饰

大殿为硬山屋顶，采用砖木混合结构，以砖结构为主要支撑，殿内供奉鲁班及其四位弟子塑像，弟子手持锯、斧、锤等木作工具（见图2-117）。大殿与山门之间的庭院中设有廊庑，抬头可见线条舒缓的卷棚屋顶。屋顶上装点绿色琉璃瓦当与滴水，两侧封火山墙上堆砌了大量灰塑，精美异常（见图2-118）。

图2-117 鲁班及弟子像 图2-118 屋顶瓦作

五、瓯江流域——温州鲁班祠

（一）历史沿革与地理区位

温州鲁班祠又名华祝祠，位于温州市永嘉县埭头古村。古村位于楠溪江中游，楠溪江是瓯江的第二大支流，向东可直入东海。古村中分布着陈氏大宗、裕后祠、积翠祠、鲁班祠、屈庐等古建筑，依山而建，错落有致，层次分明。其中鲁班祠建于清代，原为温州府秀才陈茂虎所建家祠，后改为水木作行业会馆，2011年被列为浙江省省级文物保护单位（见图2-119、图2-120）。

图2-119　温州鲁班祠总平面　　　　图2-120　温州鲁班祠区位

（二）空间布局与结构装饰

鲁班祠的朝向十分独特，坐东北而朝西南，占据了面积约439.2平方米的土地，是一座典型的木结构悬山式合院建筑。鲁班祠的合院主要由山门、东西厢房、主殿和两耳房组成，两侧厢房与主殿连接处又营造出两个天井空间，四合院与两个天井形成了独特的品字型合院格局。建筑的结构主体为穿斗式抬梁式混合构架，主殿中堂处有局部抬梁构造，内部空间布置灵活，层次丰富（见图2-121、图2-122、图2-123）。山门十分宽敞，共

图 2-121　温州鲁班祠鸟瞰

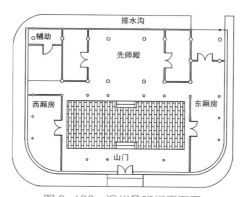

图 2-122　温州鲁班祠平面图

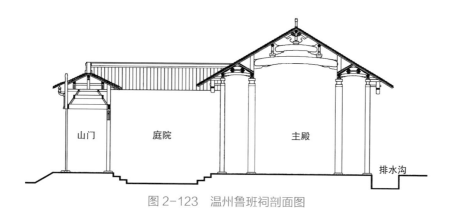

图 2-123　温州鲁班祠剖面图

有五间，采用叠檐悬山式设计，进深较窄，仅有一间，内部装饰有精美的藻井天花。挑檐檩上悬挂着垂柱，明间处设有一对板门，作为主要的通行通道。东西厢房均有四开间宽，顶部同样装饰有藻井天花。主殿面阔五间，设有前廊，前廊天花为船篷轩造型，挑檐檩上悬挂着垂莲，并刻有覆莲纹装饰。前檐部分突出，形成瓦栋，额枋下方则以水波纹雀替作为支撑。主殿明间采用的是抬梁式五架梁结构，后部设有神龛。两梢间前檐安装了四扇平板长窗，屋面铺设小青瓦，并设有勾头滴水设施。主殿正脊两侧脊头则装饰有卷草纹。建筑四周被围墙围合，并在四面都建造了观音兜封火山墙（见图2-124）。整个建筑构造完整，造型精巧独特，技术工艺十分精湛，雕刻图案也极为精美，充分展现了埭头工匠的独特建造风格。

（a）山门立面

（b）大殿立面

（c）大殿山墙

（d）西侧封火山墙

（e）山墙立面　　　　　　　　　　　　　（f）北侧封火山墙

图 2-124　温州鲁班祠立面

第三章

药帮会馆

　　药帮会馆的形成与药材贸易的兴盛密不可分。明清时期，全国已经形成了成熟的三级药材市场，即初级药材市场、中级药材市场、高级药材市场，药市承载着药材的贩运与贸易需求。随着药市逐渐成熟，出现了药材行业的商会组织，其中以药商"十三帮"最为著名。外地药商集中于某一药材集散地，组成药帮，是清代后期至民国时期的药业行会组织形式。他们多建立药材行业会馆作为议事机构。如宁波帮所建的药皇殿，怀帮所建的怀庆会馆，江西帮所建的三皇宫和万寿宫，亳州帮所建的华祖庵，等等。药帮会馆作为明清独特的行业文化遗产，见证着历史上中药业贸易的发达与辉煌，承载着璀璨的中医药文化内涵。

第一节　明清药材市场的形成与药帮会馆的兴起

一、明清药材市场发展历史沿革

　　药市即药材交易市场，也叫药交会。中国古代的药市是药王庙会与药材贸易交流融合的产物，可以说药市的最早雏形便是药王庙会。在古代药王庙会又称"药王会"，据新编《三台县志》所记："药王会，是中医、中药商的同业行会。尊孙思邈为药王。会期为每年农历四月二十八日，入会者必聚会朝祭药王。"①此处直接定义了药王庙会的行业性质，它是药商活动的重要表现形式。民间历来有在药王诞辰举行祭祀活动的习俗，以祈求去病消灾、身体健康，而商贩会在行业神的见证下进行商品交易。明清时期许多药王庙会甚至已经完全转变为集市，多由当地药行主持，进行药材交易活动，这样便使得药王会更加规模化、制度化、专业化。在一些大型药材集散地，药王会逐渐变成了影响全国的"药交会"。药材贸易的繁荣促进了药市的形成，扩大了药材贸易的需求，庙宇与会馆也是基于药材商人的贸易需求而建立。

---

　　① 三台县地方志编纂委员会. 三台县志[M]. 成都：四川人民出版社，1992：811

文献记录中最早的药市见于唐朝陈元靓《岁时广记》："自是以来，天下货药辈皆于九月初集梓州城，八日夜，于州院街易元龙池中，货其所赍之药，川俗因谓之药市，递明而散。……药市之起，自唐王昌遇始也。"①

宋代由于商品经济的发展，药市也迎来了第一个繁荣时期，政府实行的较为宽松的经济政策使得药肆和专门药市逐步发展成熟。元代由于战乱频发、社会经济凋敝，药市的发展处于停滞阶段。明清时期社会生产力的提高为商品经济的蓬勃发展提供了较为宽松的社会环境，促进了资本主义萌芽的形成，为药材贸易提供了一定的社会基础。朝廷实行的一系列较为宽松的经济政策为药市的发展奠定了政治基础。

明朝洪武元年（1368年），朱元璋下令全国各地药商集结至钧州（今河南禹州）进行药材交易活动，并定期举行药交会，钧州逐渐发展出影响全国的药市，被称为"中原药都"。明万历年间（1573—1620年）祁州（今河北安国）逐渐形成了影响全国的大型药市，成为"北方药都"。樟树药市崛起于宋代，并在清初进入全盛时期，成为"南方药都"。加上汉代著名医学家华佗的故乡、有着悠久中药种植历史的亳州，明末清初"四大药都"的药市格局基本形成，药业贸易迎来了真正的大发展时期，推动了整个药业行会的成熟，引来了药帮会馆与药王庙建设的高潮。

二、三级药材市场与药帮会馆的建设与分布

明清时期随着药材市场的逐渐成熟，形成了三级药材市场，即按照药材市场所辐射的地域范围，划分为初级药材市场、中级药材市场和高级药材市场（表3-1），其在全国范围内的分布状况如图3-1。初级药材市场即一般的药材产地，是直接在当地进行交易的市场；中级药材市场即贸易范围辐射全省或者相邻省份形成的市场；高级药材市场即全国性药材市场，以四大药都为代表。不同等级的药市内药帮商人活跃程度和业务强度不同。

---

① 翦伯赞，郑天挺. 中国通史参考资料：第五册[M]. 北京：中华书局，1982：93.

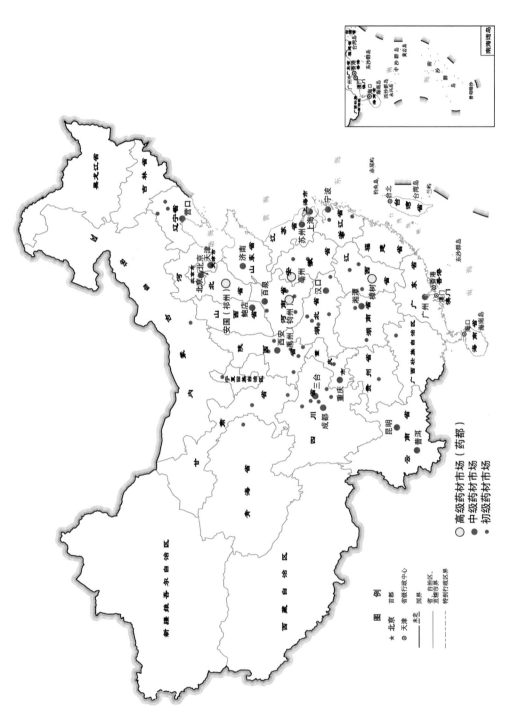

图3-1 明清药市分布示意图

表 3-1　药市等级与"十三帮"贸易活动

等级		药市	活跃药帮
高级药材市场 （四大药都）		祁州	京帮、怀帮、古北口帮、西北口帮、山西帮、陕西帮、彰武帮、江西帮、川帮、宁波帮、关东帮、山东帮、亳州帮、黄芪帮
		钧州	药行帮、药棚帮、甘草帮、党参帮、茯苓帮、江西帮、怀帮、祁州帮、陕西帮、四川帮、老河口帮、汉口帮、宁波帮
		亳州	亳州帮、怀帮、山西帮、陕西帮、金陵帮、商城帮、汉口帮、宁波帮、川帮
		樟树	樟帮、建昌帮、川帮、广帮、宁波帮、亳州帮
中级药材市场	转运与集散地	成都	川帮、山西帮、陕西帮、江西帮、怀帮、宁波帮
		重庆	川帮、山西帮、陕西帮、江西帮、怀帮、宁波帮
		汉口	怀帮、汉口帮、江西帮、川帮、宁波帮
		湘潭	江西帮、川帮、怀帮、广帮、亳州帮
		昆明	江西帮、广帮
		济南	山东帮、怀帮、京帮
		鲍店	山西帮、陕西帮、怀帮、武安帮、广帮、亳州帮
		百泉	怀帮、山西帮、陕西帮
	商业重镇开埠城市	北京	京帮、怀帮、山西帮、宁波帮、陕西帮、武安帮、关东帮
		天津	京帮、怀帮、宁波帮
		上海	京帮、金陵帮、宁波帮、怀帮
		宁波	宁波帮
	商业重镇开埠城市	广州	广帮、怀帮、樟帮
		苏州	宁波帮、金陵帮、怀帮、武安帮
初级药材市场		各乡、村、镇等地	多为当地药商

（一）初级药材市场——乡、村、镇等初级药材销售点

初级药材市场是指药材收集完成之后，直接在本地附近集市进行交易所形成的市场。因为是初次进行交易，初级药材市场普遍形成于药材产地和交通要道附近。药帮与药商行会专门设立门市上门采购，并且定期举行药材大会，吸引本地药商参与，主要服务于当地百姓日常的药材需求。这是分布最为广泛也是数量最多的药材市场。

（二）中级药材市场——以商业重镇和港口城市为代表的区域性药材市场

中级药材市场主要是指因为药材转运和贸易而兴起的药材市场，一般位于交通便利的地方，这些地方由于便利的交通也往往会形成重要的商业城镇，带动药材贸易的转运与销售，其业务范围辐射至本省或附近省份如山西鲍店、山东济南、湖北汉口、湖南湘潭等，另外还包括一些重要的、繁荣的商业城市，如北京、天津、宁波、上海、苏州等。药材收集完成后，运抵临近的省份进行二次销售，使得药材能在更大的地域范围内进行流通，而负责贩运的药帮商人在这其中扮演着重要的角色。他们不仅拓展了药帮的业务范围，还推动了药业经济的繁荣。下面以典型的几大中级药材市场为例，分析药帮会馆建设与药市的相互影响。

1. 汉口：玉带河边的药帮据点——药帮巷

汉口药业的兴盛与其地处长江汉水交汇的地理区位优势关系密切。汉水发源于汉中，流经广袤的江汉平原，构筑了南北物资交流转运的平台，汉口于是成为南北药材的汇聚与转运之地。从明中叶至康熙年间，这里一直是重要的药材集散地之一，乾隆时湖北巡抚晏斯盛即在奏疏中指出，"查该镇（汉口）盐、当、米、木、花布、药材六行最大"。药业成为汉口当时最具代表性的行业之一，先后在此聚集了川帮、怀帮、江西帮、宁波帮、汉口帮等各色药帮群体。

药帮商人为了保护本帮利益纷纷修建了会馆,其中当以怀帮所建的"覃怀药王庙"为代表,并且围绕药王庙形成了药帮一巷、药帮二巷、药帮三巷及怀安里一带的药商聚集地。汉口药帮会馆群的形成与汉口的水运密不可分。在1877年《汉口镇街道图》中,依稀可见"玉带河"穿城而过,而几大药帮会馆便紧邻玉带河码头而修建,此后逐渐依靠玉带河形成了汉口药业转运中心。在1930年《武汉三镇市街实测详图》中可以看到药帮巷、三皇巷等以药业文化命名的街道(图3-2)。汉口老城内曾有一座最大的药王庙遗迹,是怀庆商帮的会馆,也被叫做"覃怀药王庙",现已无遗存,只留下了一条上百年历史的"药帮一巷石板路",现为武汉市文物保护单位(图3-3)。曾经药王庙门口的石狮子精美绝伦,现在已被放置在汉阳晴川阁脚下。

2. 北京:聚集于四大药号附近的药帮会馆圈

北京的中药业发展历史同样悠久。明清时期,北京已经成为重要的工商业城市,并且已经形成了成熟的行业组织,覆盖各行各业。至清末北京城内的商业会馆已经多达400处,由于和北方药都祁州有天然临近的地缘关系,北京的药材也都源于祁州药市,全国各地的药商也都汇集于此贩药。北京同样是明清全国三大药帮之一——京帮的发源地,京帮的著名药号"同仁堂"闻名全国,同时,京城的药王庙皆由药帮商人主持管理。在明嘉靖至清乾隆年间,已有药业行业组织,但并未专门设立场所,而是借用"药王庙"作为行业议事之地,嘉庆二十二年(1817年)《重建药行公馆碑记》中记录"我同行向在南药皇庙,同修祀礼"。至明末清初,北京已有怀帮、关东帮、宁波帮、山西帮、樟帮等众多药帮群体在此开展业务。

北京的药业贸易非常发达,京城内几家著名中药老字号经营药材销售业务,被称为京城四大药号,分别是同仁堂、千芝堂、鹤年堂、万全堂,而药帮会馆的位置与这些著名药号的选址有着密切关系,形成了药帮会馆圈。例如正阳门外的同仁堂、制药厂和众多药帮会馆聚集在一起形了成熟

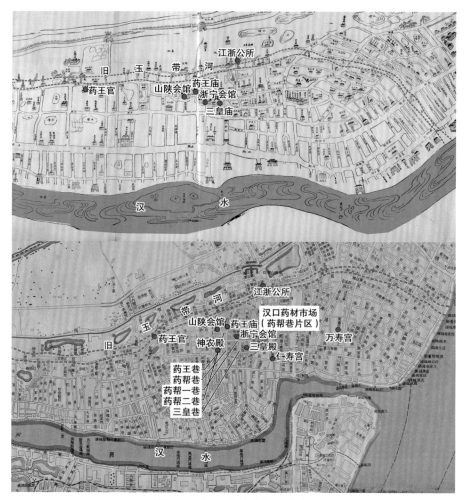

图 3-2　汉口药市变迁示意图

（上图底图为 1877 年《汉口镇街道图》，下图底图为 1930 年《武汉三镇市街实测详图》）

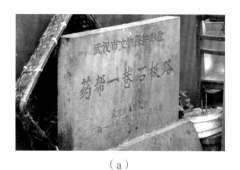

（a）　　　　　　　　　　　　　　　　　　　（b）

图 3-3　汉口药市遗迹——药帮一巷石板路

的药材制售产业体系（图3-4）。北京城内现存众多药王庙遗迹，但大多已不完整（图3-5）。

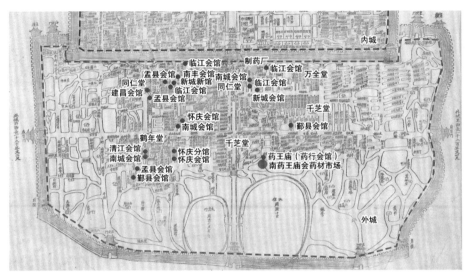

图 3-4　北京城内药帮会馆分布示意图
（底图为 1902 年《京城内外首善全图》）

（a）东城区药王庙　　　（b）东晓市街药王庙（山门）　　　（c）丰台区看丹药王庙
图 3-5　北京现存的京帮会馆——药王庙

3. 上海：城内管理与城外运销的药市格局

上海作为海陆贸易的重要港口，明清时期便成为了重要的商业城市，行业组织也逐渐发展成熟。药业行会便是代表性组织，当时上海的中药业贸易主要由宁波帮商人垄断，为规范市场竞争，便形成行会。乾隆五十三年（1788年），上海第一个中药业行会组织成立，办事处位于城内药王庙，紧靠大药局，称"药业公所"。此后上海药业不断发展成熟，更多的药业公所和同业公会相继建立。上海成为宁波帮的重要行业据点，宁波药业在上海甚至处于垄断地位。根据《上海碑刻资料选辑》[①]和《上海会馆史研究》[②]等资料记载，上海有药业公所、药业会馆、药业饮片公所、参业公所、骨器行公所和怀庆药业公所等众多药帮会馆。

这些会馆主要位于老城之外，并且与码头有着直接的便利联系，究其原因，上海是开埠后依靠水运形成的商业城市，会馆也主要在民国以后建立起来，因此贸易的便捷性是其选址的首要依据。不过值得一提的是，城内有一座最早的"药材会馆"，也是上海大药局的所在地，建于乾隆年间，是上海药业管理中心，因此上海形成了管理中心在城内、会馆群在城外的格局（图3-6）。

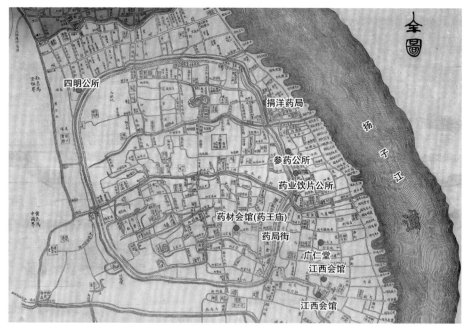

图3-6　民国时期上海药帮会馆
（底图为1884年点石斋《上海县城厢租界全图》）

---

①　上海博物馆图书室. 上海碑刻资料选辑[M]. 上海：上海人民出版社，1980.

②　上海三山会馆管理处，潘君祥. 上海会馆史研究论丛：第1辑[M]. 上海：上海社会科学院出版社，2011.

（三）高级药材市场——以"四大药都"为代表的全国性药材市场

四大药都指的是形成于明末清初的全国性药材交易市场，专门服务于十三帮商人进行药材贸易，即祁州、亳州、樟树、钧州。高级药材市场的形成离不开：本身作为重要的药材资源产地；占据有利的地形和交通因素，为商路必经之地；有着成熟的药材加工与转运销售的药材产业。除此之外，还受到政治因素和地方民俗等的影响。

1. 祁州：兴起于潴龙河北岸的南关药市

河北安国市（保定下辖县级市，古称"祁州"），明清时期被誉为"天下第一药市"，有着"草到安国始成药"的佳传。安国药市的历史源自北宋年间皇帝亲封药王"邳彤"。相传邳彤显灵治好了宋徽宗的顽疾，故在其墓葬基础上设立"邳彤庙"加以祭祀，即后来的安国药王庙。据乾隆《祁州志》记载："汉将邳彤之庙，俗呼为皮场庙，即药王也，在南关。"[①]

随着朝廷对药王邳彤的不断赐封，其影响力越来越大，吸引了天下各地的药商来祭祀，在南宋期间逐渐发展成了庙会，庙会最终演变成了药材交流大会（图3-7）。祁州药王庙在同治年大修期间，许多药材商帮都参与了集资修建，药材行业组织"十三帮"、药市管理机构"安客堂"以及各种药市服务组织也在这一时期形成，这些组织和机构的建立标志着祁州药市的成熟。

图3-7　清光绪时期安国药市交易盛况

（底图来源：政协安国市委员会编《千年药都》，河北人民出版社2018年版）

---

① 王楷，等修．张万铨，等纂．祁州志：卷之二·建置篇[M]．影印本．台北：成文出版社有限公司，1756（清乾隆二十一年）．

祁州药市旧址位于祁州古城南关之外，其同样也是药王庙的所在地。从地理位置上来看，祁州位于南北大通道通往北京的必经之路，与北京距离不到100千米，众多药商到祁州药市进行药材贸易后，再一路北上，到达北京开拓药材零售业务，祁州成为众多药帮的中转站（图3-8）。

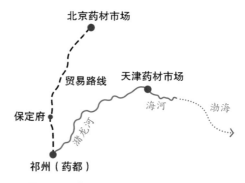

图3-8 祁州至北京、天津贸易路线

药王庙紧邻从城南穿过的黄金水道孟良河，药材运输沿着大清河的最大支流——潴龙河一路向东到达天津港（图3-9），这是北方地区对外药材贸易的重要线路。祁州占尽地理位置的优势，成为支撑北京、天津中级药材市场的大后方。光绪《祁州志》中记录了药王庙当时的东西向三跨院的平面布局（图3-10）。

图3-9 清代祁州城南关药市位置示意图
（底图为乾隆《祁州志·祁州地舆图》）

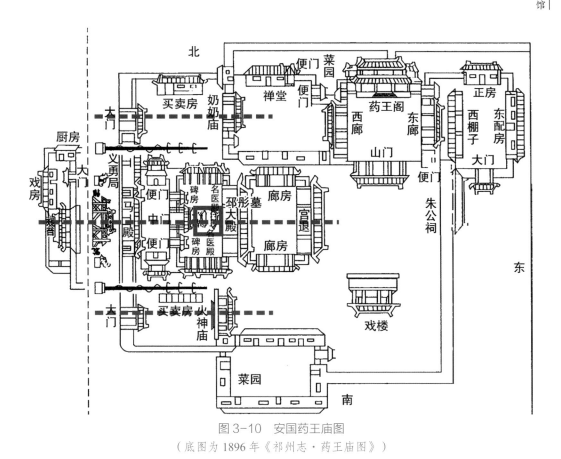

图 3-10　安国药王庙图

（底图为 1896 年《祁州志·药王庙图》）

2. 亳州：因涡河而兴的北关药市

亳州素有"南北通衢，中州锁钥"之称。亳州能成为四大药都之一与其悠远的药材种植与加工历史有着密不可分的关系，亳州盛产的著名药材都冠以"亳"字号，例如亳芍、亳菊、亳桑皮、亳花粉等，品质为国内一绝。同时优越的地理位置，依靠涡河四通八达的航运优势是其成为全国性药材市场的决定因素。此外，亳州还是神医华佗的故乡，华佗开辟药圃，专门种植中药，后人建华佗庙以纪念，亳州也成为了药业人员的膜拜圣地。资源优势、地理优势、历史传承因素使得亳州成为著名的中原药都。

明清时期，亳州繁盛的药材贸易助力其商业贸易到达巅峰，也吸引了各个药材商帮来此地建设会馆。至清末，亳州城内已有会馆30余家，几乎都是由经营药材的商人建造的；近百家药栈中，外地药商开设的占比达到60%。亳州盛产芍药，芍药又被称为"花子"，城内200多个从事药材加工与经营的个体户被称为"花子班"，而城外北关药材中心形成的药市一条街也被称作"花子街"。花子街聚集了经营药材的商人和会馆，其垂直于涡河，形成了便利的药材运输贸易大码头，由此便可看出药材产业对于城市格局、街巷道路的影响（见图3-11和表3-2）。

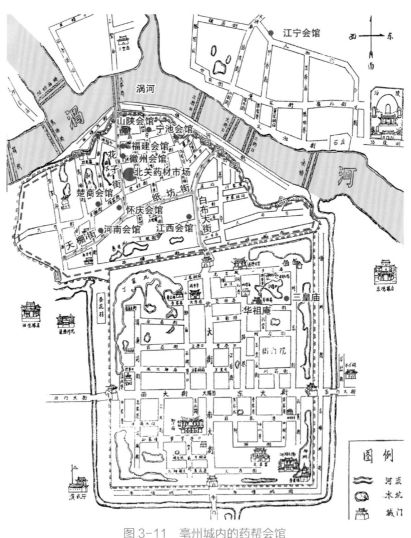

图 3-11　亳州城内的药帮会馆

（底图为民国《亳州古城略图》）

表 3-2　亳州市主要药行会馆一览表

馆名	馆址	馆名	馆址
山陕会馆（现存）	咸宁街大关帝庙内	福建会馆	花子街
江西会馆	打铜巷万寿宫	江宁会馆（现存）	古泉路路北
楚商会馆	天棚街禹王宫	浙江会馆	城东阎家园
河南会馆	纸纺街	药业会馆	大栅门三皇庙
宁池会馆	咸宁街四大王庙	怀庆会馆	老花市
徽州会馆	门神街	药业会馆（现存）	华祖庵

资料来源：亳州中医药博物馆。

3. 樟树：产药而兴、运药而盛的南方药都

江西樟树市自古以来便是道教圣地，中医药与道教医学有着密不可分的关系，中国古代众多名医出自江西的旴江流派。江西的中医药文化传统历史悠久，其药业贸易从唐代便已开始，两大药帮——樟帮、建昌帮的形成也成为必然，樟树也顺理成章成为明清四大药都之一。据方志文献记载，樟树的医药活动自东汉建安七年（202年）起，著名丹术家、道教灵宝派始祖葛玄在樟树市东南的阁皂山采药行医、筑灶炼丹，开樟树药业先河。南宋宝祐六年（1258年）设立樟树药师院，每逢九月在其附近开辟药市卖药，说明宋代已经形成了成熟的药市；到了明代，川广药商"百里环至，肩摩于途"，樟树便有了"药码头"之称。据明崇祯《清江县志·土产》记载："有粤蜀来者，集于棒镇，遂有'药码头'之号。"[1]清初，樟树药业进入全盛时期，樟树成为了四大药都之一（见图3-12）。樟树本地的药帮——樟帮在此期间正式形成，他们走到全国，深入各地专门从事药材贩运活动，构造了全国性的樟树药业网，也成为闻名全国的三大药帮（京帮、川帮、樟帮）之一。樟树三皇宫是药材行业人员的圣地，是各药帮的活动中心（见图3-13）。

---

① 秦镛. 清江县志：卷二·物产[M]. 明崇祯（1627—1644年）刻本.

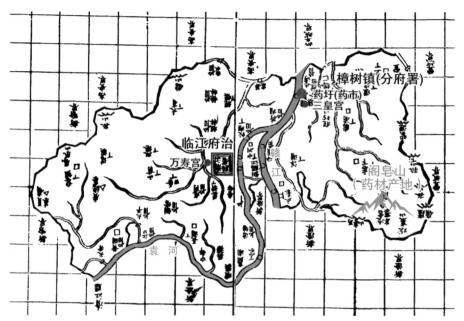

图 3-12　清代临江府阁皂山、"药圩"与药帮会馆位置示意图

（底图为同治《清江县志·地舆图》）

图 3-13　樟树药王庙（三皇宫）位置图

（底图为《清代樟树镇街道图》，来源：樟树市博物馆）

樟树成为南方药得益于其地理、历史优势。樟树以阁皂山药材产地最为出名，唐代我国最早的一部官修药典《新修草本》中收录的800多种中药材，阁皂山所产的占据了四分之一，可见其资源的丰富性。樟树镇位于阁皂山北麓，北临重要的南北运输航道赣江（图3-12）。另外从《清代樟树镇街道图》中可以看到阁皂山、药王庙、赣江的位置关系。樟树的药材便是沿着阁皂山、赣江，经过府治临江镇，一路南下到达川广云贵等地区，这条线路垄断着南方大部分药材贸易（图3-13）。虽然樟树不像其他药都一样建设有众多药帮会馆，但是樟树药帮作为全国三大药帮之一，将自己的行业会馆三皇宫作为全国性的药业圣地开放给各行各业人员，聚集资源人员优势，每年在三皇宫附近举行盛大药交会，形成专业性药材市场。以药都樟树为中心的贸易网络覆盖了我国南方大部分地区，除了樟树药帮的三大行业据点湖北汉口、湖南湘潭、重庆，河南、安徽、浙江、福建、两广等地的药材都运至樟树进行炮制加工和转运，正所谓"川广药材之总汇"。

4. 钧州：内城药帮会馆群与外城西关药市

河南禹州（许昌市下辖县级市，古称"钧州"）自古以来就是重要的药材生产基地，城内有许多居民以药业为生，有"药不到禹州无味"之说。唐代药王孙思邈曾长期旅居阳翟（禹州），著书立说、治病救人，死后百姓曾在城内建"药王祠"以纪念，形成"药王祠街"，保留至今。

明初洪武元年（1368年），朱元璋下令召集全国各地药商集结至钧州进行药材交易活动，定期举行药交会，恢复因战争受损的药业市场，禹州因政策优势逐渐成为影响全国的药市，成为药材四大集散地之一。至清代，禹州的药市已进入鼎盛时期，药业成为支柱产业，并且已经形成了成熟的药材行业组织——禹州"十三帮"。禹州城内药帮会馆众多，它们都集中于禹州老城西北角，形成药帮会馆群，并且通过北大街与城北颍河有着密切联系；而药铺药栈、药交会会场则位于禹州西关街，与城内会馆群处于分立的状态，形成了市场与管理中心分隔开来的独特药市格局（图3-14）。

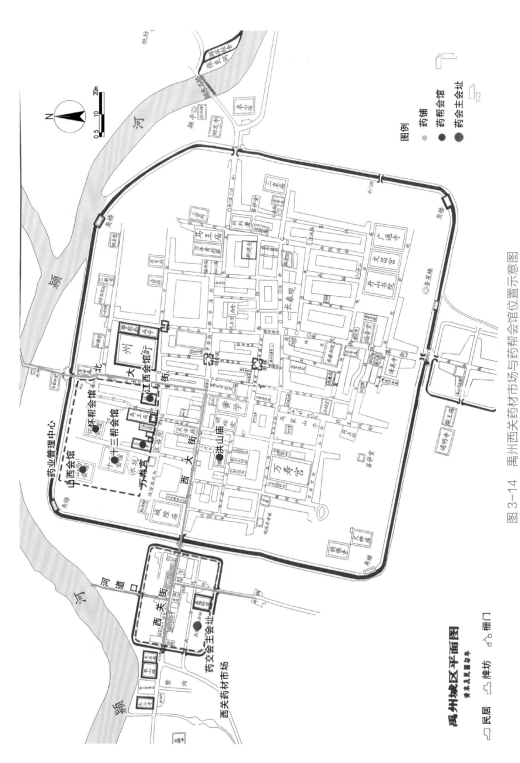

图 3-14　禹州西关药材市场与药帮会馆位置示意图

（底图来源：王国谦主编《禹州故城·清末及民国初年禹州城区平面图》，中国文史出版社 2008 年版）

禹州城内曾有山西会馆、怀庆会馆、江西会馆、十三帮会馆等多处药帮商人所建会馆，大多都采用了明清时流行的"左馆右庙"式布局（图3-15），即东跨院为商人议会、贸易、寓居的场所，西跨院为承担娱乐祭祀功能的神庙。

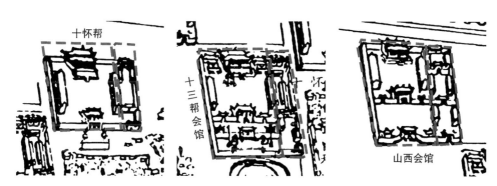

图 3-15　禹州城内药帮会馆"左馆右庙"式平面布局
（底图来源：王国谦主编《禹州故城·清末及民国初年禹州城区鸟瞰图》，
中国文史出版社 2008 年版）

第二节　药商文化与药神信仰

一、药商"十三帮"的兴起与发展

药帮的形成与发展主要经历了以下三个阶段。

（一）南北朝："医药分家"

在唐以前的秦汉时期，还未出现专门从事药材交易的人员，"医家"专指治病救人的大夫，医者兼行施药。隋唐南北朝时期，随着民间用药需求的扩大，开始出现"医药分家"，医者和药者成为两种独立的职业。"药家"一词最早出现于南北朝陶弘景的《本草经注集》中，特指药商：

"以此治病，理难即效，斯并药家之盈虚，不得咎医人之浅拙也。"[①]此时"医"与"药"已经有了明显分化，商人介入药材行业，与"药家"身份融合，形成"药商"，制药、售药活动也逐渐增多，推动了药材贸易的繁荣。

（二）明末清初：药行与药帮的出现

随着商人群体的逐渐成熟，出现了行业组织的雏形"行"与"帮"。药材贸易活动过程中最重要的环节便是贩运，药材商人在药材贩运过程中为保护利益不受侵害而形成联合组织，于是出现了"药行"，即"药帮"的雏形。明朝后期晋商群体中来自太谷的药商们自发组成了"太谷药帮"，这是全国最早出现的药材商帮，也是后来"十三帮"中"山西帮"的主要组成部分。清乾隆年间，北京、通州（北京通县）的药商们组成了"京通行"（后与天津药商组成"京通卫帮"），山东的药商组成"山东行"，参加各种药材大会。

（三）清末："十三帮"形成

道光年间已经有很多成熟的药帮活跃在祁州药市上。道光九年（1829年），全国各地的药商共同集资重修祁州药王庙，药王庙门口铁旗杆的底座记录了关东帮、山西帮、陕西帮、古北口帮、京通卫帮、黄芪帮等众多药帮（图3-16）。药材行业的全行业组织"十三帮"这一名称正式出现于清同治年间。据清同治四年（1865年）安国县药王庙内《河南彰德府武安县合帮新立碑》记载："凡客商载货来售者各分以省，省自立为帮，各省共得十三帮。"[②]碑文中所记录的十三帮为：京通卫帮、关东帮、山东帮、山西帮、西北口帮、怀帮、彰武帮、古北口帮、陕西帮、川帮、宁波帮、江

① 陶弘景. 尚志钧，尚元胜，辑校. 本草经集注（辑校本）[M]. 北京：人民卫生出版社，1994：32-33.

② 许檀. 清代河南、山东等省商人会馆碑刻资料选辑[M]. 天津：天津古籍出版社，2013：438.

（a）　　　　　　　　　　　　　　（b）

图3-16　安国药王庙铁旗杆底部捐赠名单中的"药帮"

西帮、亳州帮。

清同治十二年（1873年），河南禹州的药市上同样出现了"十三帮"①群体，名称相同，药帮的组成情况略有不同。基本都包含了当时几大重要的药帮如江西帮、怀帮、山西帮、川帮等，但同时多了一些地域商帮如老河口帮、汉口帮等，还有一些以药材命名的商帮如党参帮、甘草帮。他们在禹州集资购地，共建"十三帮会馆"。

这些药商在长期的药材贸易中为了维护自身的利益而组建帮会，兴建药帮会馆。随着贸易交流，会馆的身影遍布全国。随着行业组织的不断成熟，越来越多零散药帮也加入了"十三帮"的队伍中，如金陵帮、商城帮、汉口帮以及以药材命名的药帮，如黄芪帮、茯苓帮等，使得药帮的总数增加到17个，但"十三帮"这一名称被延续下来。各个药帮有各自的主营范围和势力范围，但主要以各级药材市场作为贸易据点，药材市场的出现促进了各个药帮之间的交流。

---

① 禹州市地方史志编纂委员会，禹州市革命老区建设促进会．禹州中药志[M]．北京：光明日报出版社，2006：247．

二、药商"十三帮"的组成与贸易活动

"十三帮"的出现是药市繁荣的体现。药帮的最初形式是以地域划分的同乡组织，其带有鲜明的行业性质，是地缘结合业缘的一种特殊商人组织形式，例如怀帮、山西帮、樟帮等，而后随着药业贸易的多样化、药业品种的细分出现了以药材命名的商帮如黄芪帮，摆脱了地域性质。药帮与其他商帮的本质并无不同，都是通过同业人员结成商业联盟，议定行业规则，维护行业利益。

需要说明的是，"十三帮"中的"十三"并不是指具体的13个帮，由于药帮组织的不断成熟，越来越多的药帮加入"十三帮"，故实际药帮数量大于13，但这一名称和叫法被延续下来。根据祁州"十三帮"与禹州"十三帮"的药帮组成情况以及后来相关药帮的形成情况，本书总结梳理出以下13个最主要的药帮，这些药帮所经营的范围以及相关会馆见表3-3。

表 3-3 药商"十三帮"经营范围与所建会馆

十三帮	所属地域／经营范围	所建会馆
京通卫帮"京帮"	北京、通州、天津一带的药商，约310人。著名字号有北京的同仁堂、千芝堂、同济堂，天津的隆顺榕、聚兴合、万年青等	北京四大药王庙、涿州药王庙、天津西青区药王庙
山东帮	120户左右，来货主要是银花、清半夏、阿胶等	—
山西帮	包括山西和部分陕西药商，约140户，主要来货是羚羊角、枸杞、冬花、小茴香等	禹州山西会馆
西北口帮	张家口、呼和浩特、包头一带药商，30户左右，主货为当归、凉州大黄、麝香等	—
古北口帮	承德、八沟一带药商，约130户	北京古北口药王庙

十三帮	所属地域／经营范围	所建会馆
陕西帮	陕西、甘肃、宁夏药商，约10户	—
怀帮	河南怀庆一带药商，80余户，主要经营四大怀药：山药、牛膝、地黄、菊花	禹州怀庆会馆、沁阳怀庆府药王庙、山西怀覃会馆
彰武帮	彰德、武安一带药商，190户左右，来货以白芷、桃仁、杏仁为主	开封武安会馆
亳州帮	安徽亳州药商，90户左右，主货亳菊花、白芍、亳故子等	—
川帮	四川药商，著名字号有五洲药庄，来货主要是川贝、川云皮等	—
宁波帮	浙江宁波一带药商，如昌记号等	宁波药皇殿
江西帮（樟树帮、建昌帮）	包括江西、云南、贵州等地药商，20多户，来货主要是朱砂、黄连等	樟树三皇宫、万寿宫
禹州帮	禹州一带药商，如新福兴药庄	禹州药王祠

资料来源：胡世林主编《中国道地药材》，黑龙江科技出版社1989年版，第19-20页。

需要说明的是，表3-3中统计的并不是全国历史上所有存在的药帮，还有许多其他零散药帮和当地药商如药棚帮、党参帮、黄芪帮、商城帮等，由于缺乏相关资料且不是本书分析的重点，因此不再重点说明。将全国的主要药帮的地域组成和集散地转如图3-17所示。

这些药商在长期的药材贸易中为了维护自身的利益而组建帮会。他们通常会以全国性药材交易市场为据点建立各自的帮会会馆。随着行业的蓬勃发展，一些药帮的辐射范围逐渐延伸至全国各地，会馆的身影也随之遍布全国。活跃于各大药市的药帮组成情况类似，各帮都有自己的帮首，制定共同的行业帮规。药帮群体的活动主要围绕各级药材市场展开。这些药商在长期的药材贸易中为了维护自身的利益而组建帮会。他们通常会在重要的药材交易市场建立各自的药帮会馆。

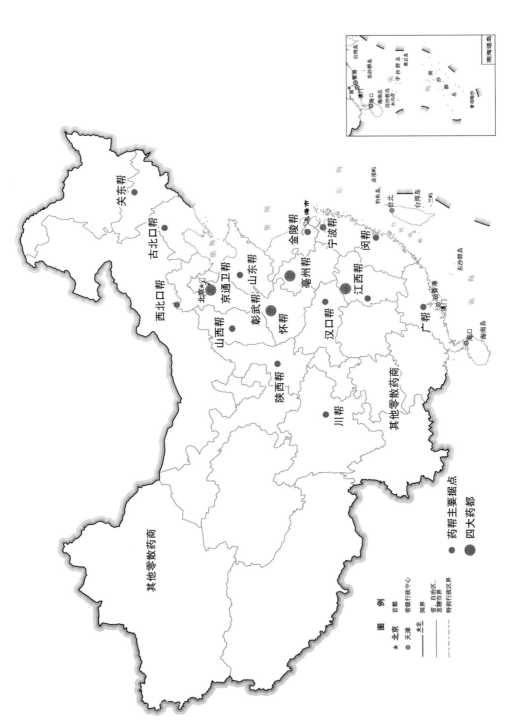

图 3-17　药帮地域组成与主要集散地

（一）怀庆药帮（怀帮）

怀庆商帮为河南最大的药帮，发源于古怀庆府（今河南焦作市博爱、沁阳、温县、孟州、武陟、修武以及济源市和新乡市原阳县），古称覃怀、河内，明清改称怀庆府。因此这里的商人被叫做怀庆商人，简称怀商。

古怀庆府位于河南北部，夹于黄河与太行山脉之间，与山西紧密相连，在交通还不发达的年代，怀庆府与山西通过太行陉、轵关陉等晋豫通道交流密切（图3-18）。而古怀庆府所拥有的特有药材资源——四大怀药（山药、牛膝、地黄、菊花）享誉中外。怀庆商人依靠独特资源优势垄断了全国怀药贸易，逐渐成为一支实力雄厚的药帮，而这些经营药材业务的商人大多也是山西人的后代，晋商的经商传统在此地生根发芽。明末清初，河南怀庆府六县商人成立怀货庄，又称"怀帮"[①]。乾隆年间，怀庆药帮已成为祁州药市上不可忽视的存在，同治年间药王庙大修，怀帮捐款数额排各行业第二。

图3-18　清代河南怀庆府与山西省位置关系

---

① 周鸳．试论四大药都形成与发展的影响因素[D]．北京：中国中医科学院，2016：53．

怀帮的业务经营范围分为省内与省外（图3-19）。在省内，主要集中在怀庆府、开封府、药都禹州、郑州、南阳赊店、方城等重要商业城镇。怀帮在省外的经营范围涵盖了北京、天津、安国、山东济南、山西太原、陕西西安、四川成都、湖南长沙、湖北汉口、香港、澳门等地，可以说怀庆商人的足迹遍布全国各处。怀庆商人先后在焦作、禹州、开封、周口、汉口、天津、北京等地建立了怀帮会馆[①]。怀帮会馆以华丽的木雕装饰闻名，禹州怀帮会馆为现存全国药商会馆中规模最大、保存最完好的会馆，是全国重点文物保护单位。

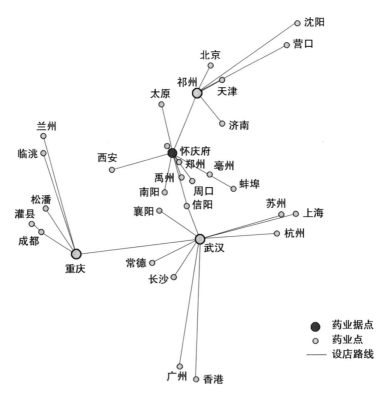

图3-19　怀庆药帮经营分布示意图

① 王兴亚. 河南商帮[M]. 合肥：黄山书社，2007：182.

（二）山西药帮与太谷广帮

山西商帮作为中国第一大商帮，很早就开始经营药材业务，到了明清后期，山西商帮已经分化出了专门从事各个行业的商人群体，例如专营铁业贸易的潞泽商帮、专营盐业生意的平阳帮，山西商人几乎控制了全国的茶业、盐业、铁业贸易。药业也是山西商帮的一项主要业务，山西药帮的最早发源便是来自太谷县的药材商人结成的商人群体——太谷商帮。

早在祁州药市"十三帮"正式出现之前，山西帮已经活跃在祁州药市上，实力强大，在"十三帮"中有着举足轻重的地位。明清时期来自山西太谷的药商南下扩张，经晋豫通道到达河南北部怀庆府，在此定居，因此怀庆商帮与山西帮的关系最为密切，经营怀药生意的怀庆商人多数是山西商人的后代。山西帮游走于全国各地，参与集资建设了多个药帮会馆，如亳州山陕会馆、安国药王庙、禹州十三帮会馆等。安国药王庙前的两根铁旗杆便是晋商文化的重要印证，也是晋商的精神象征。

清末，太谷药商一路南下到达广州（图3-20），垄断了进出口药材贸易与东南亚药材生意，专门负责南方土产药材的北运与北方山地药材的南运，在中国药材流通史上占

图 3-20 太谷药帮南下经商路线示意图

据着重要地位。与广州商人群体"粤商"不同，扎根广州的太谷药商，其所设药庄药号多为"广"字号，他们垄断了该地区的药材生意，因而被称为"广帮"。

（三）江西药帮双秀——樟树帮、建昌帮

江西有两大著名的药帮——樟树帮与建昌帮，合称为"江西帮"，为著名的"十三帮"之一。建昌帮发祥于抚州市南城县，其药技流传于赣闽四十余市县，影响远涉台、粤、港及东南亚，至今药界还流传着"樟树个路道，建昌个制炒"等谚语。建昌帮所建的会馆一般名为"南城会馆"或"建昌会馆"。

樟树药帮简称"樟帮"。早在东汉时期，葛玄（道教四大天师之一）就曾到樟树东南的阁皂山筑坛立灶，专心采药、洗药、制药。他在阁皂山修炼期间在药物药性疗效识别、鉴定、加工炮制等方面积累了大量经验。唐代以后，樟树已经形成了大规模的药材种植基地。宋代樟树医药有了很大的发展，私人经营的药铺不断增加，经樟树运转药材日益频繁，舟车辐辏，商贾云集。

明中期樟树药商已到达粤、滇、黔、楚等地，清嘉庆年间逐渐形成独立的药帮。樟帮人员遍布全国各个药市，后与京通卫帮、川帮并列为全国三大药帮。樟帮在省外有湖南湘潭、湖北汉口、重庆三个中心据点，辐射各地，形成巨大的樟帮贸易网络（图3-21）。樟树药帮所建的会馆一般叫作"三皇宫"或"临江会馆"。

江西药帮是江右商帮（我国历史上十大商帮之一）一个大分支。药材生意是江西商人的大宗生意，药帮在其中的影响力不可谓不大，江西商人崇拜的许真君同样是道教的一位神医，采药炼丹，悬壶济世，治病救人，是行业神和地方神的结合。因此江西药商建立的会馆更多的以"万寿宫"为名。

---

① 刘建民. 晋商史料集成[M]. 北京：商务印书馆，2018.

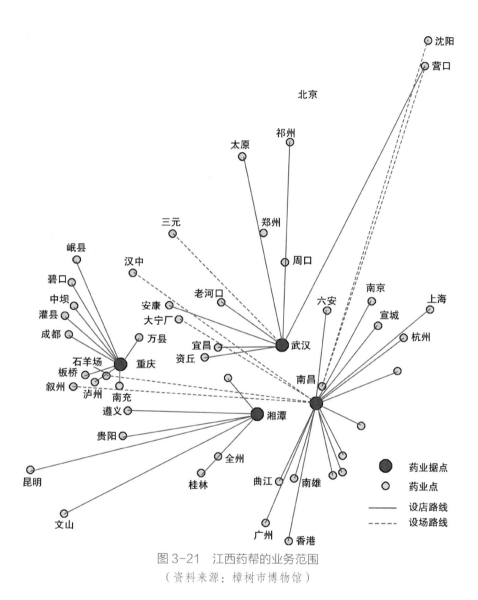

图 3-21　江西药帮的业务范围
（资料来源：樟树市博物馆）

（四）京通卫帮

京通卫帮简称"京帮"。"京通卫"中的"京"指北京，"通"指通县，"卫"指天津卫，京帮的商人群体便是由这三个地区的药商构成的。京帮的活动范围是以北京、天津以及药都安国三大药市为中心的京津冀大部分地区（图3-22），其依靠安国独特的产业优势、北京政治商业优势、天津港口优势一跃成为全国第一药帮，其最著名的药号"同仁堂"曾专门为皇家供药，是全国著名的中药老字号（图3-23）。同仁堂的分店遍布全国各地，至今依旧留有许多名为"同仁街""同仁巷"的道路。京帮的行业据点主要以北京、天津的药王庙为主，经历历史的动乱，至今留存不多。

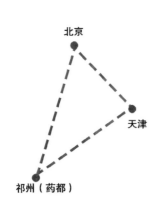

图 3-22　京帮势力范围

图 3-23　京帮第一大药号"同仁堂"

（五）宁波帮

宁波帮是我国历史上的十大商帮之一，也是中国近代的最大商帮，业务范围主要以手工业为主，宁波帮对中国一批近代城市的崛起有着重要作用，如北京、上海、武汉等。药业也是宁波帮的主营业务之一，宁波帮的正式成立是在祁州药市上。宁波药商不像其他商帮那样足迹遍布全国各地，他们贸易活动的主要据点在江浙一带，以及北京、天津等港口城市、四大药都等地。宁波药帮所建的会馆以药皇殿为主，现存数量不多，其中最大的为宁波市天一广场上的药皇殿。宁波"药行街"的名称至今依旧存在，可见其昔日药材产业的辉煌。

（六）武安帮与关东帮

武安商帮是发源于彰德府一带的药帮，也是河南仅有的两个商帮之一，武安商帮作为主营药材生意的商帮，在本省无法和怀帮抗衡，北上又无法与京帮媲美，一直没有较大的发展。乾隆年间，东北地区盛产药材，但又缺少成熟的药材贩运行业，武安商人意识到这片地方有着巨大的商机，于是便长途跋涉到东北三省（旧称关东地区）定居下来，依靠着资源优势异军突起，成立了关东帮，占领了东北的大部分药材市场。据文献资料显示，武安商人历史上只建立过两处会馆，一处位于开封（已毁），一处位于苏州。

（七）其他药帮

除了以上提及的著名的大药帮外，"十三帮"队伍中还有许多的零散药帮，许多以地域命名，如汉口帮、金陵帮、商城帮、老河口帮等，有的以药材命名，如黄芪帮、茯苓帮等。至清末，全国出现的药材帮已超过20个。大多数药帮没有建立自己独立的会馆，他们更多依附于全行业会馆或本省同乡会馆，以其作为议事中心。

三、药神崇拜——药业行业神祭祀的源流

中国民间历来有药神崇拜的传统，尤其是在医药水平不发达的封建社会，百姓认为祭祀药王可以保佑身体平安、健康长寿。与其说这是封建社会人们的认知水平不足，不如说是百姓对于健康生活的美好祈愿。中国古代从官方祭祀到民间祭祀，药王祭拜都是很普遍的现象。皇帝祭祀三皇五帝、神农伏羲以祈求瘟疫消除、百姓安康。民间百姓祭祀医神药神来祈求平安健康、药到病除。上古神话的三皇全部为治病救人的神仙，可见医药文化在中国传统文化中具有极高的地位。

春秋战国时期，官方祭祀活动盛行，祭天地、祭先祖、祭神农、祭社稷活动相继出现，可以说在祭祀活动起源时便已经有了药神祭祀的传统。战国时期有专门祭祀神医扁鹊的庙宇——河北内丘扁鹊庙。汉代至唐宋，民间药神祭祀从未间断。自唐代孙思邈被册封为药王伊始，全国各地专门祭

祀药王的庙宇——药王庙陆续出现。

元贞元年（1295年），朝廷始令天下各郡县通祀三皇，伏羲以勾芒配，神农以祝融配，黄帝以风后、力牧配，黄帝臣俞跗以下十人姓名见于医书者从祀两庑，由医师在春秋二季主持祭祀活动，这是官方将药神祭祀首次写入法令法规，强制实施，并且允许民间私自祭祀三皇。自此全国范围内"三皇庙"数量不断增多。

明清时期，由于医药行业的商业化快速发展，商人介入医药行业的现象已非常普遍，药材商人群体常以庙为馆，开展自己的业务活动，举办祭祀庆典，开展药材大会，因此药王庙的建设如火如荼，出现了大量的药帮会馆。

四、药帮的行业神信仰对药帮会馆类型的影响

药帮会馆所祭祀的对象种类多样，既有神话传说中的神农氏、伏羲氏、黄帝，还有历史上的各大神医及历代名医等，如神医扁鹊、华佗、张仲景、李时珍、葛洪。因此所建的各类型的庙宇名称也不尽相同，衍生出了多种类型的会馆和祭祀性庙宇。

（一）药王（孙思邈）信仰与药王庙

"药王"一般指的是唐代名医孙思邈（581—682年），京兆华原（今陕西铜川市耀州区）人，是著名医学道士，著有《千金要方》《千金翼方》等医学著作，生前致力于治病救人，总结临床经验，广泛搜集药物的使用知识，著书立说。曾在太行山、王屋山一带及四川峨眉等地行医施药，深得百姓爱戴，在其死后宋徽宗追封为妙应真人，也是历史上第一位真正被称为"药王"的名医（图3-24）。地方志中最早称孙思邈为药王的记载见于雍正《陕西通志》："药王山，以祠祀孙真人而名。"在清雍正年间，孙思邈已广泛被称为药王。祭祀孙思邈的庙宇也被称为药王庙，在全国分布广泛（见图3-25）。据相关方志资料数据，明清时期除了青海和西

藏未见有"药王庙"的记录外，其余各省都有"药王庙"[①]，说明药王信仰在明清时期已成为非常普遍的民间信仰。大多数药王庙都由本地药业人士主持管理，定期开展药王庙会进行祭祀和贸易活动。药王信仰是"十三帮"最为普遍的行业信仰，几乎所有药帮都供奉药王。例如怀庆药帮所建设的会馆又被称

图 3-24　禹州怀帮会馆内孙思邈像

为"覃怀药王庙"；京帮在北京城内集资修建的四大药王庙，正殿皆祭祀药王孙思邈。即使有些会馆并不以"药王庙"命名，但会馆中亦单独设殿或设置药王牌位以祭祀之，例如山西药帮会在山陕会馆中单独设置药王殿。

图 3-25　焦作药王庙大殿

（二）三皇信仰与三皇宫（江西药帮）

三皇指的是上古神话当中的黄帝、伏羲、神农，这三位先皇既是华夏文明始祖，与中医药也有千丝万缕的联系，可谓真正的中医药的鼻祖。相

---

① 韩素杰. 基于中国方志库的药王庙研究[J]. 中医文献杂志，2015，33（2）：59-63.

传黄帝轩辕氏写下了人类第一部医学著作——《祝由科》，后人在此基础上不断增补删改，逐渐形成了后来的《黄帝内经》和《黄帝外经》；神农尝百草，掌管着农业与药业生产，是公认的药业先神；伏羲氏制九针，疗疾伤，发明了中国最早的针灸疗法，对中医学有巨大贡献（图3-26）。

自古以来三皇信仰一直有之。明清时期，三皇信仰的主要代表是江西樟树药帮，其所建的行业会馆又被称为三皇庙或三皇宫（图3-27）。还有些药帮的会馆中虽主祀药王，但出于追本溯源之意也会加祀三皇，设置三皇殿，例如北京丰台药王庙。

图 3-26　樟树三皇宫内的三皇塑像　　　　图 3-27　樟树三皇宫

（三）神农信仰与药皇殿（宁波药帮）

宁波药帮拥有自己独特的行业祭祀神，即"药皇"，特指神农氏，属于上古三皇之一（图3-28），这与江西药帮的三皇信仰的侧重不同，其中所代表的商帮文化也天差地别，因而不属于同一信仰分类。而宁波药帮所建的会馆也被冠以"药皇殿""药皇庙"或"神农庙"的名字（图3-29），与药王庙所特指的"药王"有着本质的不同。"王"所包含的对象可以很宽泛，而"皇"者，特指上古三皇，即神农、黄帝、伏羲。《白虎通义·号》对药皇神农作出如下解释："（神农）教民农作，神而化之，使民宜之，故谓之神农也。"这里把药神与厚德联系在了一起，而宁波医药界认为，药之意义在于德，而药皇神农正是具备了这个特性，才决定了他至尊至善的地位，为宁波药帮的守护神。神农不仅在发明农具、教种桑麻、发明医药、治病救人方面有突出的贡献，在商业方面同样有着重要影响。《通典》中记载："自神农列廛于国，以聚货帛，日中为市，以交有无。"这里的"廛""市"即为集市，因此站在药商的角度，神农不仅解决了食物问题还解决了货物通行的问题，具有不可估量的进步意义，因此神农被宁波药商视为守护神。

图3-28 宁波药皇殿神农塑像

图3-29 宁波药皇殿

（四）华佗信仰与华祖庙（亳州帮、武安帮）

华佗为东汉末医学家，"字元华，沛国谯人也。一名旉，游学徐土，兼通数经"[①]。谯县即为今天安徽亳州，华佗生前曾在淮河流域一带行医采药，治病救人，最早的麻醉剂——麻沸散以及麻醉手术便是华佗发明的。历史文献中所记录的"徐土"即东汉时期的徐州，华佗行医足迹遍及江苏、山东、河南、安徽等地区，大致涵盖了淮河中下游的广大区域。因此华佗信仰也成为了淮河流域普遍的药神信仰。从东汉至宋朝，华佗的事迹被不

---

① 范晔，撰．李贤，等注．后汉书：卷八二下[M]．北京：人民卫生出版社，1988．

断神化，逐渐使其从一位名医转化为"医神"，自宋代"医神"地位确立之后便有了祭祀需求，因此在亳州出现了最早的华祖庵（图3-30）。

图 3-30 亳州华祖庵总体布局
（自摄于亳州市规划展览馆）

明清时期，淮河流域是著名的药材产地，典型代表便是华佗故乡亳州。咸丰《亳州志》记载："小黄城外芍药花，十里五里生朝霞。花前花后皆人家，家家种花如种麻。"①另外，明清时期淮河流域的亳州、陈州、曹州等地也普遍种植牡丹，"吾亳以牡丹相尚，实百恒情……根皮购作药物，亦为花户余润"②。华佗庙会的兴盛也带来了药市的繁荣，亳州华祖庵前每年都会举办庙会，各地商贩前来摆摊贩售药材，久而久之，庙会演变成了药材贸易集市，全国各地药商接踵而至。随着药商十三帮的出现，亳州本地药商组建"亳州帮"，以华祖庵为行业据点。除此之外，河南武安商帮也信奉华佗，武安商人曾于中牟县城南关街建有华王庙一座，现已损毁。

（五）其他信仰

江西道教源远流长，教派叠起，高道辈出。道教文化天然地和中医药

---

① 任寿世修.亳州志：卷三十九[M].刻本.1825年（清道光五年）.
② 薛凤翔.李冬生，注.牡丹史[M].合肥：安徽人民出版社，1983：86.

有着不解之缘。道教追寻长生不老、修炼仙丹、得道成仙，客观上对中医学的发展做出了巨大贡献。许真君作为道教净明道祖师，不仅治水有功，还修真传道，悬壶济世，北宋徽宗赐号为"神功妙济真君"。同治《清江县志》记载，"药王庙"与"许真君庙"相关信息完全吻合，都是"一在县治南杨家山，同治七年（1868年）毁，一在清江镇"[①]，可见许真君同样被视为药帮的守护神。

此外还有许多历代名医和神医被众多药商们一起供奉，如张仲景、皇甫谧、叶桂、薛生白、宋慈、李时珍、葛洪等。虽然许多会馆没有为他们设立单独的神殿，但都会设有供奉他们的牌位。例如在樟树三皇宫中，十位名医分立三皇神像的两侧；在安国药王庙中，在南北配殿中亦供奉有十位名医。

第三节　药帮会馆的分类

一、药帮会馆的起源——三皇庙的废止与药王庙的兴起

明清时期药王庙的集中出现，与这一时期所推行的相关祭祀制度是分不开的。中国官方祭祀药王的历史最早可以追溯到元朝。元贞元年（1295年），朝庭下令天下各郡县通祀三皇，"祭祀三皇"行为成为了官方专属，因而"三皇庙"开始兴建。明朝洪武元年（1368年）朱元璋下令以太牢祀三皇，同时禁止民间祭祀三皇，但民间祭祀习惯已经养成，民众们遂将三皇庙改为"药王庙"，庙内主祀药王孙思邈，配祀历代名医。随着商业的发展，药材商们以庙为馆，药王庙便成为药帮会馆的雏形。

---

① 潘懿，修．朱孙诒，纂．清江县志[M]．影印本．台北：成文出版社有限公司，1870（清同治九年）．

二、药帮会馆的分类

药帮会馆最初的原型是祭祀性质的庙宇，但随着药业的发展，会馆也在逐渐向专门化、专业化演变，出现了以商帮为主体建立的会馆，如怀帮会馆。本书对于药帮会馆的分类主要为以商帮种类划分和以祭祀对象划分两种方式。

（一）以商帮种类为依据分类

前文提到，药商的组成主要以"十三帮"为主，因此按照商帮对会馆进行划分是最主要的依据，可以分为怀帮会馆、山西药帮会馆、宁波药帮会馆、江西药帮会馆等。怀庆商帮所建的会馆一般被称为怀庆会馆、怀帮会馆、覃怀会馆或覃怀药王庙。清代怀庆府辖六县，怀庆商人正是由六个县的不同商人团体所组成，如怀庆府孟县商人所建的会馆叫作孟县会馆，他们经营怀药贸易，也属于怀帮会馆（见图3-31）。

（a）怀帮—怀帮会馆

（b）樟帮—三皇宫

（c）亳州帮—华祖庵

（d）宁波帮—药皇殿

（e）京帮—北京南药王庙

（f）山西帮—亳州大关帝庙

（g）金陵帮—江宁会馆

（h）武安帮—武安会馆

（i）"十三帮"—安国药王庙

图3-31　不同药帮所建的药帮会馆

（二）以祭祀对象为依据分类

药帮会馆及药王庙所祭祀的对象种类多样，除了神话传说中的神农氏、伏羲氏、黄帝以外，还有历史上的各大神医及历代名医等，如神医扁鹊、华佗、张仲景、薛生白、宋慈、李时珍、葛洪等，因此所建药王庙的名称也不尽相同。按照祭祀对象的不同，药帮会馆与药王庙的种类又可以分为以下几类：祭祀"药王"孙思邈、邳彤、韦慈藏的药王庙，这是数量最多的一类；祭祀神医扁鹊的扁鹊庙，同时也叫卢医庙、先医庙、扁鹊祠，扁鹊生前曾在河南、河北等地施医问药，故这两地的扁鹊庙数量也远超其他地区；祭祀华佗的被称为华佗庙、华祖庙或华祖庵；祭祀药皇神农氏的药皇殿，一般为宁波药商所建；此外还有祭祀三皇神农、伏羲、黄帝的庙宇，被叫作三皇宫、三皇庙，是樟树药帮的行业圣地；祭祀道教天师许逊的真君庙及万寿宫，一般为江西药商所建；四川重庆一些地区多建造"川主庙"，将川主、土主、药主三圣合祀。大多数药王庙中所祭祀的药王并不只有一位，而是将历史神医及历代名医共同祭祀，虽然这些庙宇在祭祀对象与侧重上各有不同，但性质、功能基本一致（见表3-4）。

表 3-4　药神信仰与会馆 / 庙宇类型

信仰类型		祭祀对象	会馆 / 庙宇名称	药帮举例
药帮行业信仰	药王信仰	孙思邈、邳彤等	药王庙、药王祠	怀帮、京帮、川帮、山西帮、陕西帮、山东帮、关东帮等众多药帮
	三皇信仰	黄帝、神农、伏羲	三皇宫、三皇庙	江西帮
	真君信仰	许逊	万寿宫	江西帮
	神农信仰	药皇神农	药皇殿、神农庙	宁波帮
	华祖信仰	华佗	华祖庵、华佗庙	亳州帮、武安帮
其他民间药神信仰	洪山信仰	洪山真人	洪山庙	——
	岐伯信仰	岐伯	岐伯庙	——
	卢医信仰	扁鹊	卢医庙、扁鹊祠	——
	伏羲信仰	伏羲氏	伏羲祠、白圭庙	——

第四节　药帮会馆的地域分布

一、药帮会馆的地域分布特征

　　药帮会馆在我国分布广泛，根据相关文献与调研梳理，历史上中国大陆（内地）及港澳台地区所出现的药帮会馆总数至少为310个[①]。其中许多药帮会馆往往以药王庙、三皇庙等庙宇的形式出现，由于相关文字资料的缺失及调研限制，数据的准确性还不够充分，实际历史上各类药帮会馆的总数应大于310处，其在全国的分布如图3-32（注：此处统计的药帮会馆包

---

① 边疆. 药商"十三帮"文化视野下的药帮会馆建筑研究[D]. 武汉：华中科技大学，2023：183.

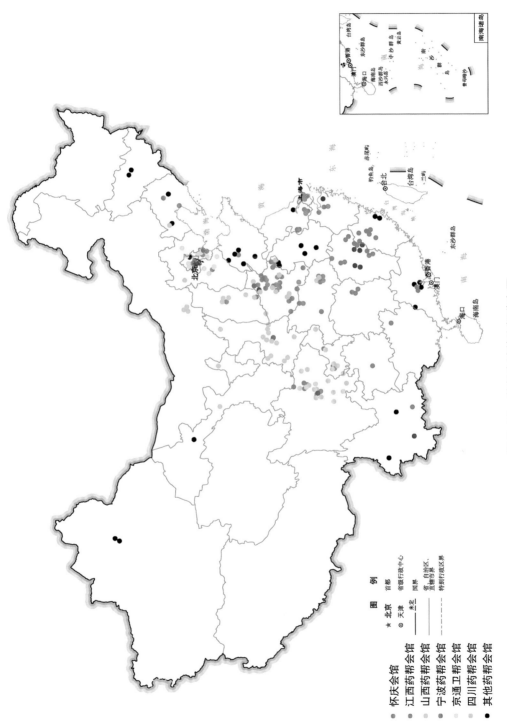

图 3-32 药帮会馆的空间分布图

图　例

★ 北京　首都

◎ 天津　省级行政中心

—— 国界

—— 省、自治区、直辖市界

------ 特别行政区界

● 怀庆会馆

● 江西药帮会馆

● 山西药帮会馆

● 宁波药帮会馆

● 京通卫帮会馆

● 四川药帮会馆

● 其他药帮会馆

括十三帮所建的行业会馆、药帮商人集资捐建修缮与主持管理的药王庙类祠庙，也包括药商与其他行业人员共同修建的商业性质会馆）。从图3-32中我们可以发现药帮会馆带有明显的地域分布特征，总体呈现"东多西少、南多北少"的分布特点。其次，不同的药帮有着明显不同的地域分布特征，不同药帮有着各自主要的势力范围（注：同一颜色的深浅程度代表会馆数量级的不同），同时药帮会馆的建设选址也有交叉，这是由各个药帮的不同的贸易范围决定的。将各地会馆的数量分别统计，整理后如图3-33、图3-34所示。

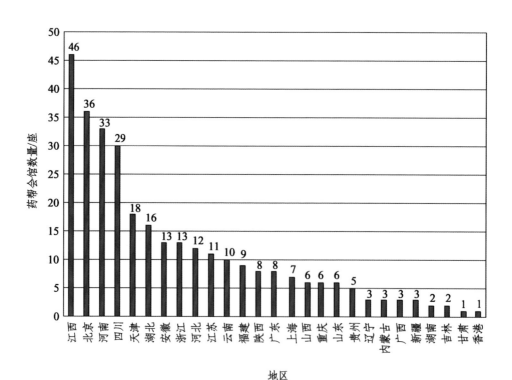

图 3-33 各地药帮会馆数量柱状统计图

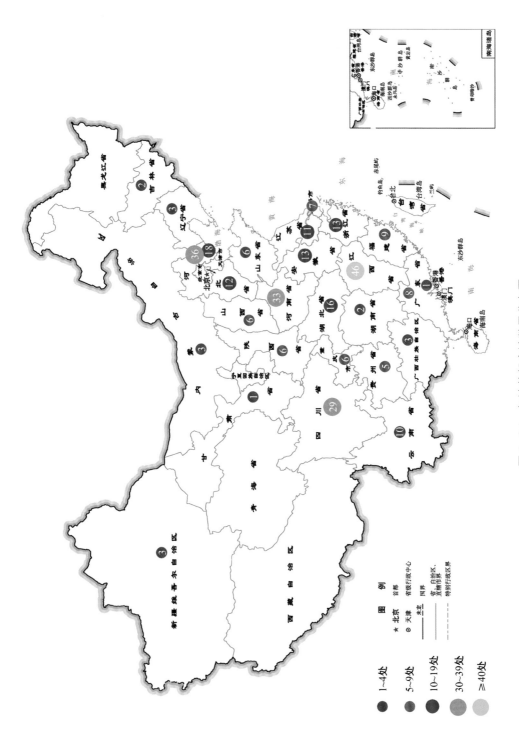

图 3-34　各地药帮会馆数量分布图

从图3-33上可以看出，药帮会馆分布范围广泛，覆盖了全国大部分省份。在总体数量分布上，尤以江西、北京、河南、四川为多，其与这些地区发达的药材产业是离不开的。

江西省内药帮会馆有46处之多，原因是江西道教文化和中医药文化深厚，百姓以药业为生成为传统。江西孕育了药帮双秀（建昌药帮、樟树药帮），会馆林立。

清末北京城内有超过400处会馆，药帮会馆的数量也有36处。北京、祁州、天津三大药材市场形成三足鼎立的态势，成为北方药业中心，南北各地的药帮汇聚于此，政治、经济、产业、历史多重因素使得这一地区药帮会馆数量众多。

河南药帮会馆数量众多的原因是药都的存在，并且孕育出了中原地区最大药帮——怀帮。

四川的药帮会馆数量众多的原因是四川本地药帮"川帮"的活跃，明末清初大大小小的药市遍布于四川省内，贸易繁忙。

二、影响药帮会馆分布特征的因素

（一）药帮的经营范围决定了药帮会馆的分布范围

各个药帮在逐渐发展壮大的过程中，逐渐形成了各自成熟的贸易网络和贸易体系，贸易据点的形成与其会馆的建设直接相关，有些药帮将贸易范围拓展到全国各地，而有些药帮只在本省进行交易与贩运。药商们在长期的药材贸易过程中，除了发展省内业务，还常常把业务拓展到全国各地，而为了方便药材商们在异地的贸易，同时也为了团结本省药商们，便将会馆建立在了他们业务拓展到的城市，比如怀庆商帮除了在本省，还在山西太原、湖北襄阳、北京、天津、上海、武汉、香港等地建有自己的会馆。

一些实力比较雄厚的药帮，除了在本省内开展业务之外，在其他省份或城市也设立了众多会馆，而其所建会馆的密度也与该药帮在该地区的影响力密切相关，例如山西药帮的会馆遍布全国各地，而尤其以河南地区数量众多，这与山西、河南两省天然的密切联系有关。再者，河南最大的药帮怀帮与山西药帮通过晋豫古道进行着密切的商业贸易，因此建设了大量的会馆建筑。药都禹州的出现更是让两地的药材贸易如火如荼。怀庆药帮将自己的营业范围扩展到了全国各地，其中当属北京（6处）、武汉（4处）等地所建会馆数量最多，由此可见其在当地巨大的影响力，而修建众多的会馆也是体现其帮派实力的方式之一。

（二）药帮的贸易强度决定了药帮的分布密度

从全国药帮会馆分布来看，药帮会馆出现局部聚集的特点，这与其业务贸易强度是分不开的。药帮在某些地区的商业活动越频繁，所需要建设的会馆数量也就越多。将药帮会馆全国分布图、各省药帮会馆数量图、药市分布图进行配准和叠加，得到如图3-35的分布图，从图上我们可以直观地看到药帮会馆的分布密度与药材市场的分布有着直接的对应关系。

明末清初以三级药材市场为核心的药材贸易格局的形成为药帮会馆的建设奠定了基础，三级药材市场依靠着优秀的药材资源优势和地理区位优势，吸引全国各地的药商汇聚，在此建造药帮会馆进行业务活动与商业往来，从图（3-35）来看，这种现象也尤为明显。药都安国拥有全国最大的药帮行业会馆——安国药王庙，以安国为中心，保定、正定乃至天津、北京等商业城市都有大量的药王庙，在清代整个河北省的药王庙数量雄踞第一。河南禹州作为怀帮与山西帮的重要据点，州内处处可见他们所建的会馆。药都亳州的老花市街曾有十几处药帮会馆同时存在。江西樟树作为南方第一药都，是江西药商的重要据点，其周边有众多会馆。

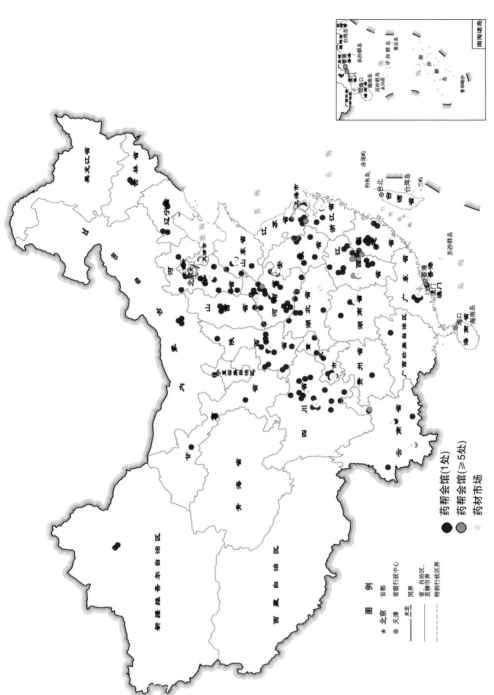

图 3-35 全国药帮会馆、药市分布叠加图

第五节　药帮会馆建筑实例解析

一、行业共建会馆实例

"十三帮"会馆是全国的药材商帮共同集资修建的大型药材会馆，服务于全行业的药帮，例如在河北省安国药都所建的药王庙，是"十三药帮"共同建立的药帮会馆。同样在药都禹州也有一座"十三帮"会馆，是由禹州的药材十三帮捐资共建。

（一）安国药王庙

1. 历史沿革与地理区位

北方药都安国（古称祁州，今河北省保定市下辖县级市）位于中原通往北京的南北大通道上，与北京距离不到100千米，大清河的最大支流潴龙河从城南穿过，故其陆运、航运发达，占尽地理位置的优势。安国的药市在南关潴龙河沿岸兴起，药王庙坐落于此。安国药王庙始建于东汉末年，起初是为了纪念"邳彤"而设，称为"皮王神阁"。明末清初药商"十三帮"在药都安国齐聚，集资大修药王庙，形成了如今的格局。安国药王庙中所祭祀的药王——邳彤为汉光武帝刘秀部下二十八将之一，他乐善好施，行医济世，受到百姓爱戴。又传宋朝邳彤显灵，为宋秦王治愈了顽疾，被宋秦王亲封为药王，故建立此庙以祭祀。自此，药王"邳彤"的名气在全国传播开来，吸引了全国的药商来此朝圣和经商，"邳彤庙"也一跃成为全国医药界人士的最高圣殿，成熟的药业组织"十三帮"和药业体系也在此期间形成。整座建筑占地25亩（约16 675平方米），分四进院落和两个跨院、一个广场，共17座单体建筑。庙前有两根铁铸旗杆，庙内有药王墓亭、钟鼓楼、药王正殿、寝殿等，为我国现存最大的药帮会馆建筑群，现为国家级文物保护单位（图3-36）。

图 3-36　安国药王庙位置

2．平面布局、空间与建构

从清光绪年间《祁州志》的《药王庙图》（图3-10）中可以看到，当时的药王庙为四进三跨院，东西朝向，以东西轴为主轴线。建筑单体由东向西，围绕着邳彤墓为中心有序展开，形成高低错落有致的院落空间。而由其现今鸟瞰图（图3-37）来看，其建筑主体布局除南北跨院已不复存在，形制基本延续了清代的风格。

药王庙入口处矗立着两根高大的铁旗杆，高达24米，气势恢宏，技艺精湛，这是由十三帮中的"山西帮"所捐建的，是山西药商的精神象征。铁旗杆之后是一座四柱三间的木牌楼，重檐庑殿顶，上覆黄色琉璃瓦，木雕精美华丽，烘托出整个会馆不一般的皇家色彩。木牌楼之后便是马殿兼山门，后出廊的硬山顶设计，面阔三间，进深两间，左右设耳房。前院内为钟鼓楼，两层结构，下层为砖砌基座，设门一道，上层为歇山顶亭。穿过垂花门与抄手游廊，来到中庭，院中心坐落着药王的墓亭，正方形平

图 3-37　今安国药王庙鸟瞰

面，高6.3米，长、宽各5米，坐落在高约1米的基座上，琉璃瓦歇山顶，精致而华丽，亭中有枣木雕刻的穿龙透花碑。中庭南北两侧建有碑房以及祭祀历代名医的配殿，皆面阔三间，进深一间。墓亭之后是药王庙主体建筑药王大殿，高8.5米，内有药王塑像。前抱厦，单檐硬山顶，覆绿色琉璃瓦，配以黄色剪边，面阔、进深各三间，抱厦两侧壁画各一块，纵横各3米，青龙白虎图案。后殿为寝宫，形制与正殿基本相同，高度较正殿略低，为8.3米，唯一不同的是前无抱厦。殿内供奉着药王和灵婉、灵淑两位夫人。纵观整座建筑群，布局规整有序、主次得当，以祭祀空间为基调（图3-38、图3-39），层层递进，恰当得体，虽然为祭祀场所，但整个环境氛围又不给人以沉闷压抑之感（图3-40）。

3. 装饰与细部特征

安国药王庙的装饰类型全面，题材多样，有很高的艺术价值，同时也是药商文化的集中展现。不同的题材、技法、形式，展现了不同商帮的文化特色和精神面貌，成为文化跨地域交流与融合的典范。

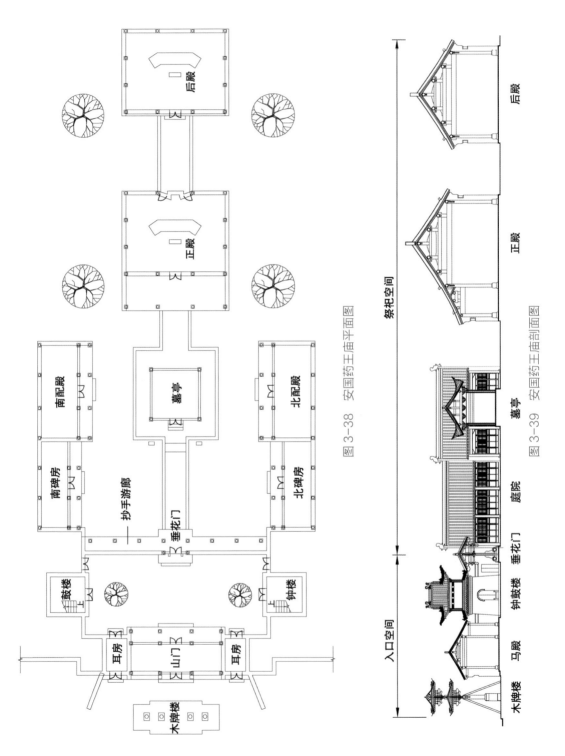

图 3-38　安国药王庙平面图

图 3-39　安国药王庙剖面图

（a）木牌楼

（b）马殿

（c）垂花门

（d）墓亭

（e）正殿

（f）后殿

（g）钟楼

（h）配殿

（i）碑房

图 3-40　安国药王庙各建筑单体组成

（1）山西药帮的精神象征——铁旗杆

安国药王庙门口的两根铁旗杆，是山西药帮商人在此经商的有力实证（图3-41）。山西商人行走天下，在合建的会馆中也会为了展示本帮文化特色，在门口树立铁旗杆，这是因为明清时期山西潞泽商人几乎垄断铁业贸易，因此会馆门口树立铁旗杆使之成为全城的制高点，便成为特殊的文化展示方式，这种方式同样可见于禹州十三帮会馆、北京南药王庙，不过这两座会馆的铁旗杆已毁。安国药王庙的铁旗杆，无论是造型、高度还是制作工艺，在全国范围内都是罕见的。高高的两根铁旗杆全部由生铁铸成，像两把利剑直冲云霄，底部为刻有捐资名单的基座，其上可见"山西帮""陕西帮""山东帮"等各个药帮群体，旗杆中部为生铁铸成的对联，上联是"铁树双旗光射斗"，下联是"神庥普荫德参天"。再往上为飞舞的金龙，栩栩如生，两根旗杆顶部各有三个铁斗，每个铁斗各有四个风铃，风一吹便会发

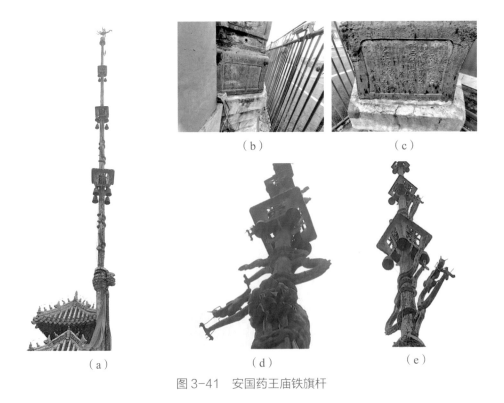

（b）

（c）

（a）

（d）

（e）

图3-41　安国药王庙铁旗杆

出响声，旗杆建成后，成为了全城的制高点。铁旗杆是晋商的精神象征，铁旗杆的铸造证明了山西药帮的不俗实力，也是药帮文化交流融合的重要体现。两根铁旗杆顶部还铸有金凤凰，形态不一，一只向前，一只歪着嘴，据说是山西药商为了风水的考量而设计，也有"招财"之意，这也是独特的药帮文化体现。

（2）皇封药王的象征——重檐庑殿木牌楼

安国药王庙的入口矗立着一座风格独特的"牌楼"，是其不同于其他会馆的明显标志，也是其皇室背景的象征。首先"牌楼"这一建筑形式本身很少存在于会馆建筑当中；其次，牌楼具有斗拱、屋顶等"楼宇"的构造，使其规格等级区别于一般的牌坊，而安国药王庙的木牌楼集重檐、庑殿、黄色琉璃瓦三大皇室元素于一身，体现出其非凡的气质，在全国范围内独一无二（图3-42）。

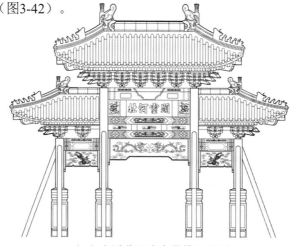

（a）安国药王庙木牌楼立面图

（b）木牌楼立面照片　　　（c）"封加南宋"匾额　　　（d）七踩斗拱

图3-42　安国药王庙木牌楼立面及细部

建于清嘉庆二十三年（1818年）的木牌楼高8.4米，四柱三楹，坐落在高1.7米的石础上，每根柱前后有斜撑支撑，明间匾额为刘墉题"显灵河北"四字，后面为"封加南宋"，八个大字表示出整个药王庙的由来：邳彤将军在河北显灵治好了宋秦王的顽疾，被加封为药王。匾额上下方有旋子和苏式彩画，最下方为木质透雕"二龙戏珠"，工艺精湛，惟妙惟肖。斗拱为九踩斗拱，有着"九五之尊之意"。次间同样有苏式彩画和木质浮雕、透雕，斗拱为七彩斗拱。四根柱子下还有抱杆石，上面覆以精美石雕，题材有松鹤、麒麟、仙鹿、荷花、牡丹、秋菊，寓意美好，都是对健康长寿的向往。整个牌楼屋顶覆以黄色琉璃瓦，大气磅礴，金碧辉煌，为全国会馆建筑中的孤例。

（3）不同药帮文化在安国药王庙的融合——木牌匾

安国药王庙是由"十三帮"共同集资重修的，因此各个药帮通常会用不同的方式在会馆中展示本帮的文化，除了山西帮牵头铸造铁旗杆之外，请名人赐字、悬挂匾额也是重要的方式之一。曾经药王庙内牌匾琳琅满目（图3-43），多达一百多副，但如今仅剩十余副。

（a）　　　　　　　　　　　　　　　（b）

图3-43　老照片中安国药王庙内的牌匾

献匾者遍布全国各省，从现存的牌匾署名或者题词中显示出报献者属于药材"十三帮"及其他行商，如"彰武帮""京都博济堂""京通卫帮""关东帮"等，匾额题词为"泽及商贾""惠被商旅""万全堂""关东药行"等。药王庙正门下的"药王庙"匾额，为清朝大学士刘墉所题，笔法苍劲有力，左下有一行小字写着"山东众药商敬献"，这里的"山东众药商"便是十三帮中的"山东帮"，山东帮将牌匾挂在入口最醒目的位置，以彰显山东帮的实力（图3-44）。众药商为药王庙捐献牌匾从侧面显示出药业的繁荣。

（a）

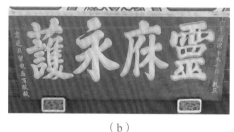

（b）

（c）

（d）

（e）

（f）

图 3-44　众药商敬献的牌匾

（4）其他装饰与细部

药王庙内砖雕、石刻、木雕、琉璃雕、铁雕、泥塑等艺术样式繁多，聚集了中国各种传统雕塑形式，且无不精致巧妙，代表着当时雕塑工艺的最高水平（图3-45）。各种山水风景、人物花鸟，题材丰富多样，技法精湛，惟妙惟肖，令整个建筑群落熠熠生辉。例如牌楼两侧的石狮雕刻造型简洁，两只狮子一左一右，相向而立，左蹄踏住一只小球，寓意为神威天下；正殿中的药王塑像和名医塑像为天津泥人张第四代传人张铭所塑，栩栩如生；此外，药王墓亭采用的是枣木，透雕穿龙，技法精湛。建筑中其他雕饰与装饰也精美绝伦，如木质牌楼上精美的透雕以及梁枋上典雅绮丽

（a）石狮子

（b）抱杆石

（c）正殿墀头砖雕

（d）屋檐灰塑

（e）钟楼屋脊灰塑

（f）正殿内明代彩画

图3-45　安国药王庙其他装饰与细部

的苏式彩画，正殿内部山花上的明代壁画，还有成群石碑组成的碑林都为整座建筑平添了许多高贵不俗的气息。

（二）禹州十三帮会馆

1. 历史沿革与地理区位

十三帮会馆是一个规模庞大的建筑群，位于禹州市老城西北隅，北靠近颍河（图3-46、图3-47），与怀帮会馆隔路相望。清同治十二年（1873年）六月，活跃在禹州药市的"十三帮"共同集资购地20亩（约13 340平方米），先建关帝庙，在庙的基础上创设"十三帮会馆"。光绪二十年（1894年）至光绪二十六年（1900年）期间，会首徐长聚等人集资再次修

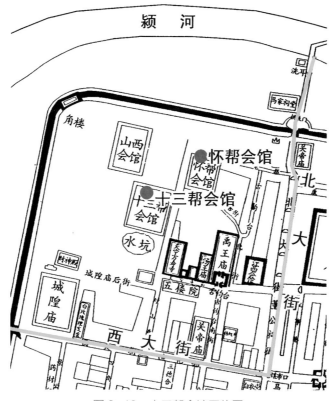

图3-46 十三帮会馆区位图

（底图为清末及民国初年《禹州城区平面图》）

建十三帮药王殿、演戏楼等建筑，随后又增加了旗杆、影壁、石狮，东跨院厨房、养病院、道院、议事厅也相继完善，形成了"左庙右馆"的布局形式。清光绪二十九年（1903年）最终完工。现存古建筑主要有戏楼、厢房、西配药王殿、议事厅等建筑。十三帮会馆为禹州城内规模最大的会馆，

图 3-47　十三帮会馆鸟瞰

有"十三帮一大片"之说，今十三帮会馆为河南省文物保护单位。

2. 平面布局、空间与结构

十三帮会馆按照"左庙右馆"的布局形式设计，即西侧为神庙，东侧为功能用房，分为两个院子各辟院门。主体为会馆西侧的庙院，由影壁、铁旗杆、山门、钟鼓楼、戏楼、东西配房、拜殿、大殿和配殿等组成（图3-48）。

整个庙院坐北朝南，前低后高，布局严谨（图3-49）。山门外南围墙连接九龙壁，成为一体，九龙壁由彩釉方砖拼砌而成，高浮雕，艺术价值很高，但已损毁。山门外有一对石狮分立两侧，配以两根铁旗杆，气势恢宏。穿过山门为一处花园式前院，内植桑柏，东西设有钟鼓楼，为两层结构的阁楼，歇山顶，如今前院已荡然无存。山门正对一独立式戏楼，两层设计，下方正中有一拱形甬道。甬道正前方为20米长的方砖铺地直达月台，月台三面台阶，高约1米，上有方形石栏。祭祀建筑主体拜殿与正殿坐落于月台上，木结构承重，山墙为青砖墙，两屋顶以勾连搭的形式衔接，拜殿正面无维护，三开间，卷棚硬山顶额枋上遍布精美的木雕，结构

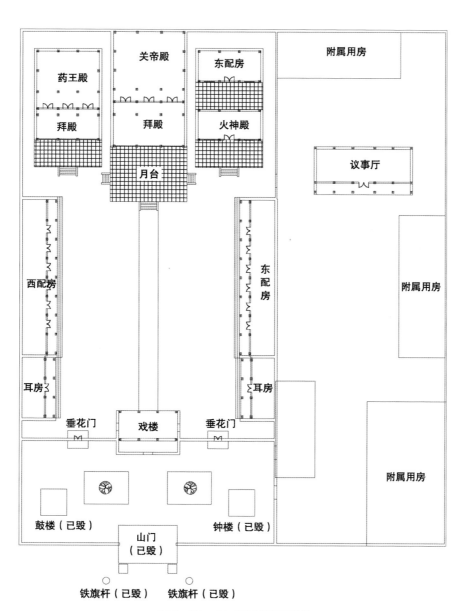

图 3-48 十三帮会馆平面图

图 3-49 十三帮会馆剖面图

为抬梁式，梁架上遍施彩画；大殿同样为三开间，单檐硬山，檐下斗拱。屋顶覆以青绿琉璃瓦，屋脊有琉璃彩砖盘龙飞凤、兽头、人物等艺术装饰，配以额枋上华丽的木雕，气势磅礴。正殿东西两侧分别为火神殿和药王殿，形制与中路相同，均为拜殿连接正殿，坐落于月台上，体量相比关帝殿更小，东侧火神庙已毁，如今建筑为2014年重修。东跨院是接待宾客及聚餐之地，现存会议所一处，五开间，单檐硬山顶，前出檐。整个十三帮会馆规模庞大，气势恢宏（图3-50）。

（a）关帝殿　　　　　　　　　　　　（b）药王殿

（c）火神殿　　　　　　　　　　　　（d）戏楼

（e）东配房　　　　　　　　　　　　（f）议事厅

图3-50　十三帮会馆各建筑单体

3. 建筑装饰与细部特征

十三帮会馆的建筑细部雕刻也是不可多得的建筑瑰宝。石刻、木刻技术非常精美，遍布于柱础、墀头、梁枋以及屋脊上，雕刻题材多种多样，技法精湛，盎然有趣，令整个建筑群落熠熠生辉，生动多彩。十三帮会馆中的砖雕艺术集中体现在大殿和配殿的山墙、墀头等建筑局部，虽然占比不大，但是刻画的技法精湛巧妙，题材上以龙纹、凤凰、麒麟等神话动物为主，寓意美好。关帝殿墀头上精美的浮雕还带有中草药的题材，可见中医药文化对于建筑的影响（图3-51）。

（a）中药材题材木雕　　　　　　　　（b）货运马车

（a）　　　　　　　（b）　　　　　　　（c）

图3-51　十三帮会馆中的砖雕

十三帮会馆中的木雕是现今留存的为数不多的精品，主要位于拜殿阑额、斗拱、雀替等部位，浮雕、镂雕形式多样，题材丰富，其中不乏中药材芍药、牡丹等题材，还有"仙鹤""仙鹿"等喻义长寿健康的题材，还有运送货物的车马，体现药商文化的丰富性（图3-52）。

（c）仙鹤木雕雀替　　　　　　　　　（d）梁枋仙鹿镂雕

图 3-52　十三帮会馆中的木雕

大殿屋顶为卷棚硬山，屋顶遍施绿色琉璃瓦，配以金黄剪边，在阳光下耀目生辉，华丽绚烂。屋脊上还有鸱兽、祥龙浮凤等灰塑与陶塑（图3-53），精细巧妙，令人叹为观止，大殿内部雕梁画栋，额枋瓜柱上遍施彩绘，题材丰富多样，既有著名药号"同仁堂"的票号，还有很多西洋人物题材的彩绘（图3-54）。这些不同题材的彩绘表现出当时的禹州不仅吸引着全国各地的药商来此贸易，还将业务拓展到了海外，体现了药市的繁荣。

（a）正殿屋脊陶塑　　　　　　（b）拜殿屋脊陶塑　　　　　　（c）正殿鸱吻

图 3-53　十三帮会馆中的灰塑与陶塑

药帮会馆

（a）"同仁堂"票号　　　　　（b）外国士兵彩绘　　　　　（c）西洋人物彩绘

图3-54　十三帮会馆中的彩绘

二、怀帮会馆建筑实例

（一）禹州怀帮会馆

禹州怀帮会馆位于药都禹州市西北角，毗邻十三帮会馆（见图3-55）。怀帮会馆与十三帮会馆一同创建于清同治年间，虽然十三帮会馆的建设怀帮有重要参与，但怀庆药帮有着巨大的业务体量，单单一个十三帮会馆无法满足其药材的贮藏与转运销售需求，故斥资购地建立独自的会馆，同时也是为了显示怀庆药帮的实力。怀帮会馆由怀庆府所属各县药材巨商富贾集资修建，

图3-55　怀帮会馆总平面图

会馆建成后不仅仅作为怀庆药商的聚集地，同时也是联络怀庆府各行商人的场所。该会馆曾一度名叫"怀庆会馆"，因会馆建造所用的青砖上均刻有"怀帮"二字，所以又称"怀帮会馆"。在全国现存药帮会馆中，禹州怀帮会馆是规模较大且保存最完好的建筑群之一。会馆大殿的木雕和彩绘精彩绝伦，叹为观止，是最具特色的部分，因而有着"十三帮一大片，抵不过怀帮一个殿"的俗语。内部所有梁架遍施彩绘，绘有亚欧非各地人物的头像，是现存清代建筑彩绘艺术的实证。禹州怀帮会馆现为全国重点文物保护单位。

1. 平面布局、空间与结构

禹州怀帮会馆南北长120米，东西宽78米，总面积达9 360平方米。中轴线及两侧依次布置照壁、山门、戏楼、钟鼓楼、东西配殿、月台、拜殿大殿等建筑（图3-56、图3-57）。照壁位于中轴线最前端，由青砖砌筑而成，雕刻有祥云或几何图案和纹饰，照壁的顶部为单檐歇山顶，庄重大气。照壁的北面为会馆正门，正门的形制采

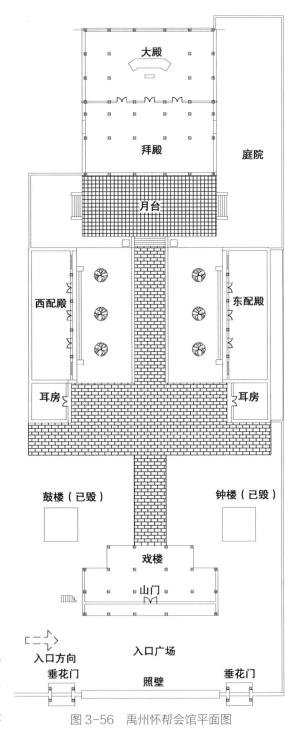

图 3-56　禹州怀帮会馆平面图

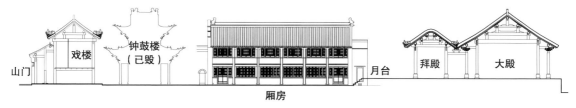

图 3-57　禹州怀帮会馆剖面图

用的是山门戏楼结合式，北面为歇山顶戏楼，略高，南面为五开间的硬山庙门，视觉上是一个重檐抱厦的廊宇建筑，雍容大气。穿过大门，戏楼底部为甬道，正对药王庙大殿。戏楼形式玲珑轻巧，飞檐翘角，建筑形象活泼生动。戏楼两侧原有两座二层式钟鼓楼，现已毁。药王殿由单檐卷棚歇山顶的拜殿和单檐硬山大殿组成，均为面阔五间进深两间的形制，屋顶以勾连搭的形式相连，坐落在高0.8米、长宽18米的月台上。月台两侧有一对相向而望的石狮子，坐落在双层须弥座条石基础上。大殿两侧为两层的廊庑，单檐硬山顶，与大殿屋顶都采用孔雀蓝琉璃覆盖，配以黄色剪边，上面用黄色瓦片摆出菱形图案和文字，东厢房文字为"天下"，西厢房文字为"一家"，显示出怀帮商人天下大同、天下一家的经商观念。整个建筑群采用层层递进的空间营造手法，主次有序，层次分明，大殿雍容华贵，气势磅礴（图3-58）。

（a）戏楼　　　　　　　　　　　　　　（b）大殿

（c）配殿　　　　　　　　　　　　　（d）山门

图3-58　禹州怀帮会馆各建筑单体

2．建筑装饰与细部

怀帮会馆的装饰艺术集中体现在其木雕艺术和彩画艺术上，其精美繁复程度令人叹为观止。拜殿的前檐下，阑额和平板枋呈丁字交叠，平板枋上以浮雕形式刻有形态各异的动植物如蝴蝶、牡丹等。阑额上，采用镂雕、线雕的手法雕刻有各色动植物，明间为二龙戏"蛛"，喻义怀商联结天下，梢间为松鼠、葡萄及中药材植物。拜殿和枕垫阑额上刻着各色不同题材的故事图景，如"十八学士登瀛洲""西域驮运商旅图""马市相马图"等。正中的"十八学士登瀛洲"描绘的是唐朝杜如晦、房玄龄等"十八学士"登临仙岛瀛洲的故事，它反映了怀商崇尚文学、企盼长生的愿望，也暗含着怀药可以健身长寿之意。靠左边的"商山四皓"虽然表现的是汉初的四位著名长者，但暗喻着"四大怀药"历史悠久，食之能使人年老不衰。"商旅歇马"中的八骏，或打滚，或吃草，或蹭痒，或鸣叫，神态各异。而最右边"骆驼商队"中的骆驼正驮运着怀药、丝绸等货物西行，小伙计牵驼，老掌柜殿后，有呼有应，活灵活现，都展现了怀商的文化历史与精神面貌，是国内木雕艺术的精品（图3-59）。

（a）骆驼商旅

（b）二龙"戏蛛"

（c）十八学士登瀛洲

（d）高贤隐士

（e）商旅歇马

（f）葡萄镂雕花牙子

图 3-59　禹州怀帮会馆的木雕

　　大殿内遍施彩绘，尤其是大殿前次间上部绘有金色卷发男女头像和西洋建筑风景（图3-60），而大殿梁架上带有票号的彩绘（图3-61）说明怀帮当时已涉及国际贸易。正如史料上所载，药材生意"内至全国二十二省，外越西洋、南洋，东极高丽，北际库伦，皆舟车节转而至"，可见怀帮药材业务范围之广。

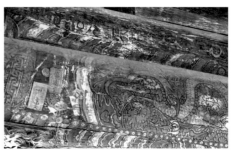

图 3-60　西洋人物彩绘　　　　　　　图 3-61　带有票号的彩绘

　　除了木雕和彩绘之外，其他装饰与细部同样精彩，形式各异的柱础体现了怀帮的石雕技艺。正殿月台前的两座石狮子采用石灰岩雕刻而成，憨态可掬，其雕刻技艺和艺术形式与晋城怀覃会馆、汉口覃怀药王庙的石狮子有异曲同工之妙。另外，砖雕作品也遍布于墀头、山墙等部位，屋脊上的琉璃陶塑形式多样，色彩绚丽，美轮美奂，怀帮会馆同样是展示怀帮艺术技艺的博物馆（图3-62）。

（a）柱础　　　　　　　　（b）石狮子　　　　　　　　（c）石狮基座

（d）砖雕　　　　　　　　（e）灰塑　　　　　　　　（f）墀头

图 3-62　怀帮会馆的其他装饰与细部

（二）晋城怀覃会馆

1. 历史沿革与地理区位

晋城怀覃会馆（又名怀庆会馆）坐落于山西省晋城市旧城东南部水陆院内（图3-63），是怀庆商帮北上扩张业务的力证。晋城（泽州府）与古怀庆府相距只有不到60千米，却由太行山脉阻隔开来。晋城背靠三晋腹地，襟带沁丹两河，经济发达，其不仅是药商的汇聚地，也是万里茶道上的重要驿站，因而成为明清商业重镇。明清时期两省商民靠着太行陉等晋豫通道实现了贸易的交流和文化的传播，而怀覃会馆便是怀庆商人在泽州府修建的药业性质的会馆，于2019年正式入选第八批全国重点文物保护单位。

图 3-63 晋城怀覃会馆鸟瞰

2. 平面布局、空间与结构

晋城怀覃会馆始建于清乾隆五十七年（1792年），竣工于嘉庆八年（1803年），现存建筑多为清代遗物，如今一半已毁，原占地面积超过

10 000平方米，现存建筑占地面积约为2 170平方米，整体为坐北朝南的方形平面，两进式四合院布局（图3-64）。整个会馆由大小两个院落组成，曾有照壁、东西戟门、戏楼、钟鼓楼、大殿（药王殿）、拜殿、配殿、廊庑等建筑（图3-65）。

晋城怀覃会馆现存仅一进院落，主要建筑有拜殿、大殿、东西配殿和东西厢房，原有的山门、照壁、钟鼓楼早已消失殆尽，现封闭管理，不对外开放。院落中的主体建筑便是大殿和拜殿，采用

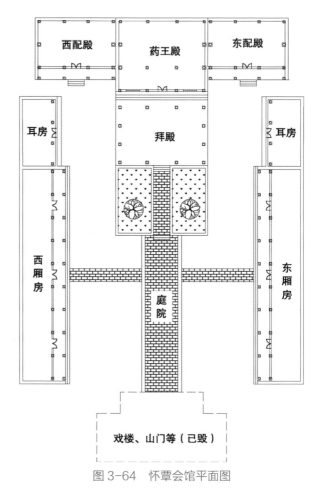

图3-64　怀覃会馆平面图

（a）拜殿

（b）厢房

（c）西配殿　　　　　　　　　　　（d）西厢房

图3-65　晋城怀覃会馆各建筑单体

抬梁支柱体系，进深和面阔均约十米，拜殿为歇山顶，体量合适，形制优雅、装饰繁复，显得玲珑剔透。其后为正殿，单檐硬山，封闭而厚重，与拜殿形成鲜明的对比。两栋建筑屋顶紧紧相连，但结构上并无关联，留有一定排水间隙，这与禹州怀庆会馆所使用的勾连搭形式明显不同。拜殿坐落在1.1米高的石基上，显得尤为隆重，后殿又抬升了三级台阶，将祭祀空间的神圣性进一步烘托出来。东西两侧为九开间的厢房，作为附属建筑，这样的开间数也是不多见的，由此形成了宽大的观演空间和神圣的精神空间，院中视野开阔。

3．建筑装饰与细部

大殿和拜殿粗大的横梁雕刻着活灵活现的飞龙纹和云纹，鲜艳的彩绘至今仍然熠熠生辉，反映出怀帮在晋城的辉煌。拜殿内外檐下有精美的斗拱和麒麟图，高超的雕刻工艺令人叹为观止。最值得称道的是殿脊的孔雀蓝琉璃饰品，其制造工艺早已失传，因此显得格外珍贵。

原屋脊上有许多精美的琉璃构件（图3-66），但很多都已被人盗走，东厢房屋顶仅剩的一尊琉璃人物头像也不翼而飞。屋脊安放小人的装饰做法并不常见，在怀帮独特的帮规文化中，只有那些破坏帮规、见利忘义的"小人"会被制成琉璃构件，放置于屋脊，喻义"走到头了"。拜殿下的两只大石狮子也是石雕技艺的精华所在，高约3米，用石灰岩制成（图3-67），这与汉口覃怀会馆的石质雄狮（现位于晴川阁门口）所用材质一

（a）正殿屋脊陶塑

（b）拜殿屋脊陶塑

（c）正殿鸱吻

图3-66　晋城怀覃会馆脊装饰

图3-67　石灰岩石狮

致，其原因是砂石相较于大理石质地柔软，所制成品刻工细腻，惟妙惟肖。值得一提的是，所有怀覃会馆的石质狮子头都向内摆，而不是冲向前，有着"招财进宝"之意。

晋城怀覃会馆的木雕技艺堪称一绝，以拜殿的阑额上、大殿内的梁架上多种多样的龙形雕刻最为瞩目，其运用了浮雕、圆雕、透雕等多种雕刻技法，龙的形象栩栩如生、活灵活现，让整个会馆变得华丽壮观。彩绘题材中也普遍有各种龙纹式样，龙代表了吉祥如意，由此可见怀帮商人对于美好生活的向往（图3-68）。

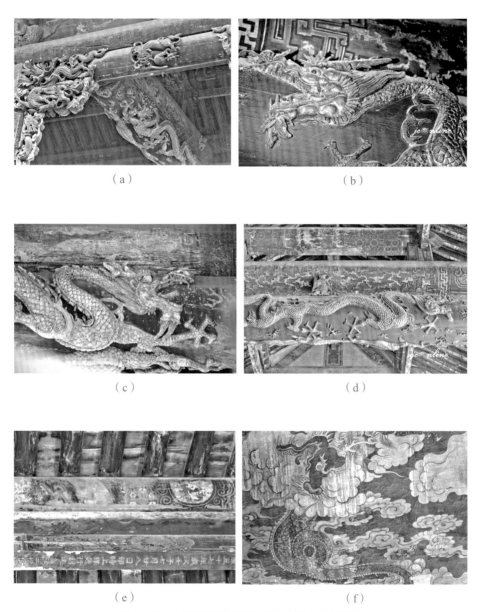

（a）　　　　　　　　　　　　　　（b）

（c）　　　　　　　　　　　　　　（d）

（e）　　　　　　　　　　　　　　（f）

图 3-68　晋城怀覃会馆龙纹题材的木雕与彩绘

三、江西药帮会馆建筑实例——樟树三皇宫

（一）历史沿革与地理区位

三皇宫坐落于江西省樟树市（全国四大药都之一），明清时期临江府在此设有分府署，樟树当时既是药材产地又是药材集散地，是赣江流域最重要的商贸货运中心。明代万历年间，地理学家王士性在《广志绎》中记载，樟树"在丰城、清江之间，烟火数万家，江广百货往来与南北药材所聚，足称雄镇"。明崇祯《清江县志》记载"樟滨故商贾凑沓之地也……（药）有自粤、蜀来者，集于樟镇，遂有'药码头'之号。"黄金水道给樟树带来了经济的繁荣，使其成为赣江流域重要的港口城镇。明隆庆年间临江府有集市36个，均以水路通道相连，呈对外辐射状，分布于府城的四面八方。

今天的三皇宫位于樟树市区北部边街（图3-69），始建于南宋宝祐六年（1258年），当时樟树药商为纪念历代神医在城东修建"药师院"，元代重修，明代再次改建，名为"药师寺"，并在周边辟药圩，开办药王会，迎接四方药商。清初，樟树药帮将"药师寺"改名"药王庙"。清光绪十三年（1887年），樟树药材行铺集资共建"三皇宫"，并移药圩于宫旁，"药圩巷"因而得名。三皇宫是樟树现存最大、最完整的一处中医药文化遗迹，每年十月药商都会来此进行隆重的祭祖活动，2016年三皇宫被评为江西省重点文物保护单位。

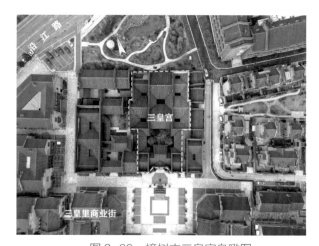

图 3-69　樟树市三皇宫鸟瞰图

（二）平面布局、空间与结构

樟树三皇宫是一座宫殿式的砖木混合结构建筑，现已完全修复到明清时期鼎盛样貌。三皇宫由正殿、神殿、左右厢房、里院、戏楼等部分组成，呈天井式合院布局，轴线对称、主从有序（图3-70、图3-71）。

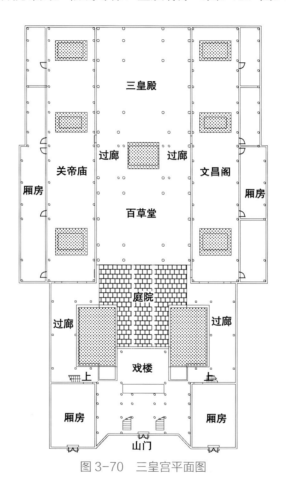

图 3-70　三皇宫平面图

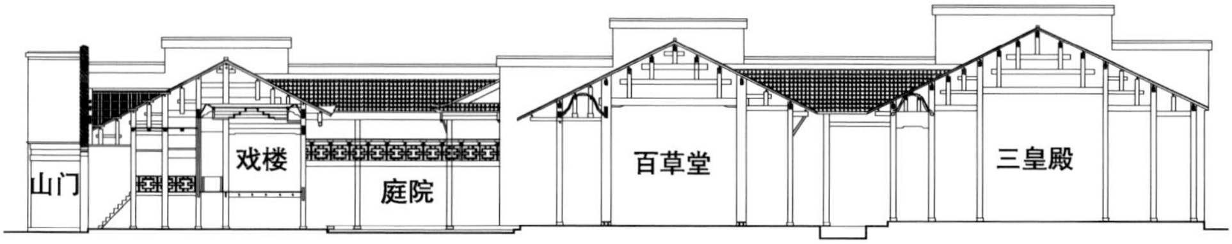

图 3-71　三皇宫剖面图

三皇宫依照道教宫观的风格所建,大门呈八字门形(道教八卦门)、青砖平砌,中砌青石、绿豆石,浮雕人物、走兽、翔禽、花卉、楼阁于石上。门楼上竖牌匾"三皇宫",横镶"如游上世"石匾,门联为"历劫真师朝圣阙,中天草木载皇仁"。整个立面凹凸有致,八卦门形成了一定缓冲空间,有着欢迎"八方来客朝圣"之意,简约大气。入宫门通道顶部为木构戏楼,高2米,台面60平方米,台顶为藻井雕菱角形木作螺旋排列,正中雕隆起云龙,天花板以条木组成几何形纹饰,朱漆为地,图案贴金,色彩鲜明,造型美观。穿越狭小暗淡的低矮空间,进入较为宽敞的石碶方形庭院,正对面是神圣的大殿,背后是精巧华丽的戏台,成功营造了欲扬先抑的空间氛围。中厅不设围护结构,是一个过渡性的灰空间,门头设有木质牌匾"百草堂",左右两侧立柱上设门联,分别为"人欲为生何须草木蟲鱼寡欲清心既是药""神能济世纵有参苓术草祸国殃民岂能医",中厅之后即为正厅,室内台阶稍有提高,正面不设门,三面实墙围护,光线昏暗,沉闷压抑,殿中正坐三皇(黄帝、神农、伏羲)塑像,左右两侧为道教神医及历代名医塑像,庄重而严肃(图3-72)。

(a)三皇宫入口门头

(b)三皇宫戏楼

（c）三皇宫中厅

（d）三皇宫正殿

图3-72　樟树三皇宫建筑单体

　　三皇殿的整体结构为砖木结构，砖墙主要做为外围护结构，内部为木构梁架支撑体系，在中厅和正殿里采用的是混合式结构体系（图3-73），即山墙面的梁架为穿斗式，厅堂内部为抬梁式，目的是营造祭祀性的开阔空间，最大限度利用各种尺度的木料。中厅和正殿的前檐下还使用了卷棚的顶部装饰结构；最值得一提的是戏台的结构，台顶为藻井，用雕菱角形木作螺旋排列为四层，装饰精巧华丽。

（a）中厅梁架

（b）正殿檐廊下卷棚（轩）

（c）戏台藻井

图3-73　三皇宫的结构特点

（三）装饰与细部特征

　　三皇宫的装饰与细部特征也同样极具特色。如前文描述，三皇宫为一座道教建筑，而道教文化与中医药文化同源互用，道教文化中的多种符号和形象都与中医药文化有着密不可分的关系，如太上老君炼丹成仙，追求健康长寿，福禄寿三位神仙都承托了人们对于平安健康长寿的希冀。三皇宫的建筑装饰同样有着中医药文化的色彩，在正立面门头、关帝庙与文昌宫门头上不乏有"老君炼丹""仙童采药""福禄寿"等雕刻题材，浮雕、透雕技艺精湛，花鸟鱼兽种类多样，动物例如仙鹤、麋鹿、大象等在中医文化中都带有长寿的含义，许多中药材植物如牡丹、芍药、莲花、菊花都出现在装饰题材之中，这些都表现了药材商人对于健康美好的向往（图3-74）。

图 3-74　三皇宫的木雕与砖雕

四、山西药帮会馆建筑实例——亳州山陕会馆

（一）历史沿革与地理区位

亳州山陕会馆坐落于四大药都之一的亳州，始建于清顺治十三年（1656年），距今已有三百多年的历史，由来自山、陕两省的药商集资共建。亳州山陕会馆又被称为"大关帝庙""花戏楼"，位于亳州城旧城北关花子街（现花戏楼街），北边为涡河（图3-75）。花子街上曾经聚集了福建会馆、楚商会馆、怀庆会馆等一大批药业会馆和药铺药栈，而山陕会馆是众多会馆里形制最高、最华丽的会馆。亳州作为中原药都，依靠黄金航道涡河将药材运至全国各地，吸引了全国各地的药材商来此建设会馆。

图 3-75　山陕会馆与涡河位置关系

亳州山陕会馆被称为花戏楼，一说是因为该会馆华丽的戏楼装饰，实际上，亳州盛产芍药花，当地人称其为"花子"，专门加工芍药的匠人被称为"花子班"，亳州的药业中心叫作花子街，而"花戏楼"的名称也源自亳州芍药这一特产，从这足以看出会馆与中医药的关系。1988年，亳州山陕会馆被评为第三批全国重点文物保护单位。

（二）平面布局与空间结构

亳州山陕会馆现存较为完整，主要建筑和构筑物有铁旗杆、山门、花戏楼、东西看楼、拜殿和关帝大殿等，整体布局中轴对称，虽只有一进院落，但从山门到正殿都华丽无比，规格极高（图3-76、图3-77）。

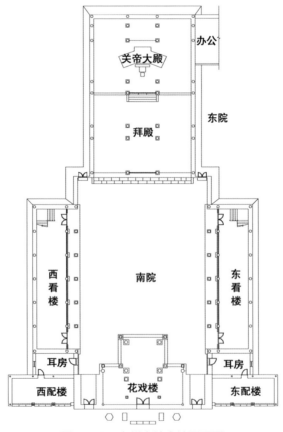

图3-76　亳州山陕会馆平面图

图 3-77　亳州山陕会馆剖面图

　　山门为三开间，由青砖砌筑的牌楼式入口，明间为拱形门洞，门洞上方有三重屋檐，采用叠涩的砌筑手法。最上有竖向石匾，题有"参天地"三字，下为"山陕会馆"牌匾，正入口两侧也为拱门，分别写有"钟楼"和"鼓楼"，为单开间牌楼式，整个山门被繁复华丽的砖雕覆盖，在国内会馆中独树一帜。山门前有一对石狮子和一根高达16米的铁旗杆，是山陕商人的精神象征。穿越入口，进入一条净高约2.2米的通道，位于戏台下，穿过戏楼来到较为宽大的庭院，戏楼正对关帝大殿。戏楼为木结构、双层，梁架遍布雕饰，美轮美奂。戏楼的舞台部分向庭院伸出，形成"凸"字形平面，整个戏台华丽轻巧。戏台左右两侧为双层看楼，是商人聚会议事、休息看戏的地方，与戏台一起形成轻松的观演空间。拜殿和关帝大殿面阔均为三间，为抬梁式结构，前厅为卷棚顶，关帝大殿相较于拜殿地面有所抬升，正中为关公坐像，三面为实墙，内部昏暗，营造神殿的神秘与庄严感，装饰与彩绘华丽生动（图3-78）。

　　（三）建筑装饰与细部特征

　　亳州山陕会馆的建筑装饰艺术集中体现在其砖雕和木雕上，其复杂程度和华丽程度国内罕见，令人叹为观止（图3-79）。

（a）山门

（b）戏楼

（c）大殿　　　　　　　　　（d）内部结构

图 3-78　亳州山陕会馆各建筑单体与结构

（a）老君炼丹

（c）蟠桃孝母

（b）郭子仪上寿

（d）松鹤延年

（e）戏台梁枋浮雕

（f）戏台栏板雕刻

（g）戏台柱础

（h）戏台柱头

图3-79　亳州山陕会馆的砖雕与木雕

　　砖雕技艺集中体现在山门的雕刻艺术上，采用了立体水磨青砖雕刻工艺，题材从自然界的花鸟鱼兽，到神话人物，再到民间典故应有尽有，丰富多彩，作为药帮行业会馆，其中不乏有众多的中医文化的雕刻题材，表现了山陕药商对于健康、美好、长寿的向往，是徽派砖雕与晋派砖雕结合的典范，也是世界范围内的艺术绝唱。例如"参天地"匾额上方有"福禄寿三星高照"浮雕，寓意着幸福、好运、健康长寿。该匾额东外侧立柱上有"老君炼丹"浮雕，上面有一老者在深山老林中静静端坐，周围古木参天，寂静深幽，太上老君正在炼丹炉前制药，青烟从葫芦里冒出，在山林间盘绕。道教追求得道成仙、长生不老，视炼丹术为重要的修行方法，这反映出药帮商人对长寿的美好愿景。另外还有"郭子仪上寿""松鹤延年""九世同居（九狮同菊）""犀牛望月""蟠桃孝母""寿比南山"，都是具有典型中医药文化意蕴的装饰题材，除此之外，经常可见莲、芍药、菊、灵芝等中药材图案被运用于砖雕上，意韵深远，美轮美奂。

　　木雕技艺同样是山陕会馆的重要标签，主要存在戏台大枋外面，花卉、禽兽、神兽占据多数，额枋、雀替上遍布龙凤，除此以外还有许多以三国故事为主题的雕刻和彩绘。在山陕会馆中往往"尊关贬曹"比较突出，但在亳州山陕会馆中却呈现不一样的图景，不乏歌颂曹操的故事题材，这也许是因为亳州是曹操故乡的缘故，这也体现了地域文化的传承与交融。

第四章

船帮会馆

第一节　船帮会馆的兴起

船帮会馆作为特有的行业会馆大量兴建于明清时期。究其原因，是明代中末叶到清代随着漕运制度的变革，运丁大量雇佣船工水手并逐渐合法化，漕运水手这一特殊行业中产生了具有相当组织性的行帮——船帮。各行各业都会供奉自己的祖师神或保护神，船帮组织通过祭祀行业保护神——水神以祈求神灵庇护。船帮会馆就是在对水神祭祀的精神需求以及行业活动的场所需求两者共同作用下而产生的。

一、船帮兴起的历史背景

（一）漕运制度的产生

漕运的原始意义是指在天然或人工河道上运输物资。中国历史上所谓的"漕运"是一套实行约两千年的悠久制度，其源于秦始皇（前259—前210年）将山东粮食运往北河（今内蒙古乌加河一带）作军粮，至辛亥革命后废除，在各朝的社会经济生活中扮演了重要的角色。简单地说，漕运是利用水路运输，保证都城粮食、物资供应的机制。漕运经历了秦汉的萌芽期、隋唐的发展期，至宋元明走向了成熟。清代在各纳漕地区组建运丁队伍进行漕粮运输。因卫屯地大量丧失，加之运丁承运负担过重，以致运丁经济状况迅速恶化，于是出现运丁大量逃亡的现象。康熙三十五年（1696年），为了维持漕运的正常运行，清政府允许运丁招募水手协助漕粮运输。数万船工水手在漕运船帮受雇谋生，成为劳动者的主体，一个特殊的行业形成。

（二）漕运水手行帮的出现

明末清初罗教在漕运水手中的传布，是催生漕运水手行帮组织的重要动力。罗教本为无为教，因创教人姓罗而得名，又称为罗祖教。明末清初之际，罗教流传至运河的南端，并逐渐被江浙漕运水手所接受，此时的罗教组织带有浓厚的宗教色彩。从明代中末叶到清代中叶，罗教一直在以运河为主干、以其他水系为旁支的广阔水域中传播。漕运水手构成了罗教教派的主体，并逐渐形成漕运水手行帮。

乾隆朝对罗教传播进行严厉的打击，乾隆三十三年（1768年）政府取缔罗教庵堂，并对部分信徒进行严厉打击，从客观上反而促进水手帮派突破宗教外壳，进一步为水手行帮的形成创造了必要条件。道光年间各水手行帮的雏形逐渐形成，带有很多行帮会社的色彩。

道光、咸丰年间漕运制度的变革，导致漕运水手命运发生了根本性转折。漕运水手行帮成员失业后，沿袭之前结伙的做法，逐渐将水手行帮演化成青帮及其他组织。无论是明末清初的罗教教团还是后来的水手行帮，均是青帮前身。这些行帮组织仍保留了漕运水手行帮组织的师徒传承关系。青帮及各行帮组织多以昔日失业漕运水手为主要成员，随着时代变迁，组织成员中出现了兵勇和游民。帮会的势力逐渐增大，社会影响也逐渐增强，成员首领也逐渐渗透到社会、经济各领域中。

二、船帮会馆的历史成因

（一）水神崇拜的精神需求

各行各业都会供奉自己的祖师神或保护神，以船帮为主的行会组织通过祭祀行业保护神——水神以祈求神灵庇护。船帮会馆是水神信仰的祭祀场所，在这里举行祭祀活动、祈求船运活动平安是整个水运行业上到商帮巨贾，下至水手船夫的共同诉求。船运活动本身承担着巨大的责任与行船的危险，一遇极端天气或水手经验不足，轻者货物受损，重者船毁人亡，事故造成的人员损失与货物损失均由船帮组织进行赔偿。船帮行业人员在艰险的自然条件下将美好的愿望诉诸神灵，需要固定的祭祀场所。

（二）行业活动的物质需求

对于掌握大宗商品贩卖的商帮来说，修建船帮会馆同时带有彰显自身经济实力与社会地位的目的。船帮会馆成为行业凝聚力的象征，商帮则是船帮会馆的主要出资人。而对于数量庞大但社会地位较低、生活较为困苦的船帮水手来说，船帮会馆的修建主要依靠大户捐资以及船民众筹两种方式，船帮会馆的活动除祭祀行业保护神外，更体现出强烈的行业互助精神，这是其他行业会馆所不具备的。在每年航运停运时段内，一部分水手处于无家可归的状态，因而聚集在船帮会馆内进行日常生活、组织行业活动、解决行业纠纷、商议船帮内部事宜，船帮会馆实际上成为船帮组织内老弱病残的庇护场所。

第二节　船帮行业文化及水神崇拜

一、船帮行业人员组成及活动

至清代，进入盛期的漕运成为一年一度运河一线的大事件，吸引和聚集了大量的社会各方人员。尤其是各漕运省份的运河码头，成为了漕运水手等人云集的场所。有漕省份运河码头云集的漕运水手及少数社会各方人员结伙，逐渐形成船帮行业组织（见表4-1）。

表 4-1　雍正元年（1723 年）各省船帮组成情况表

省份	船帮组织	省份	船帮组织
山东	德州帮	苏松各属	金山卫原帮
	济宁帮		镇江帮
山东	东平帮	浙江	杭严帮
	临清山东帮		海宁所帮
	东昌、濮州两帮		宁波帮
河南	通州所、天津所、德州、临清前后、平山前后、任城、徐州、常淮等帮		绍兴帮
江苏、安徽各属	江淮帮		嘉兴卫帮
	兴武帮		严州所帮
	安庆帮		处州帮
	池州帮		嘉白帮
	宣州帮		湖州所帮
	宁太帮		台州帮
	庐州帮		金衢所帮
	凤阳帮		温州帮
	凤中帮		湖白帮
	长淮帮	江西	南昌帮
	泗州帮		袁州帮
	宿州帮		永新帮
	淮安帮		抚州帮
	大河帮		建昌帮
	扬州帮		广信帮
	仪征帮		铅山帮
	滁苏帮		九江帮
	徐州江北帮		安福所
苏松各属	苏州帮	湖广	饶州所
	太仓帮		赣州帮
	镇海帮		湖北帮

（一）船帮行业人员组成

上文提到，随着漕运制度的变革，漕运水手行帮成员失业。这些前漕运水手沿袭之前结伙的做法，逐渐将水手行帮演化成青帮及其他组织。但并不是所有的漕运船帮都转化为了青帮，只有一部分与罗教发生密切联系并混合发展的、主要是江浙地区的船帮演变成了青帮（见表4-2）。

表 4-2 青帮及其他组织组成情况

帮会名称		活动范围	营运活动	帮会发展
青帮	安清道友	江苏淮安的安东、清河一带；江南地区也出现了安清道友活动的记载	贩卖私盐	同治、光绪年间，青皮党与安清道友融为一体，青皮成为安清道友的同义词
	青皮	苏北、皖北地区	贩卖私盐	
	安青帮	江苏、安徽一带	贩卖私盐	光绪年间，逐渐与安清道友融合
红帮		淮河两岸到沿江一线	贩卖私盐	"红帮"之名最早出现在光绪年间，当时苏北东海县出现"春保山红帮"的组织。后春保山红帮出现分化，分化出东梁山、西宝山、细紫金山、伏虎山等数十堂
巢湖帮		安徽巢湖一带	贩卖私盐	巢湖帮主要成员为失业漕运水手，清末逐渐以散兵游勇为主。清末，巢湖帮活跃在江南地区，与青帮有密切的关系
山东帮		待考	贩卖私盐	山东帮与昔日漕运水手行帮有一定程度的联系
粮帮		江浙一带	以贩卖私盐为主	粮帮组织在一定程度上是漕运水手行帮组织的延续，仍保留着昔日行帮的共同信仰和组织方式

最初的青帮成员多数来自有漕省份，如安徽、江苏、山东、河北、浙江等省，多为失业漕运水手。后随青帮发展重心向江南转移，江南籍成员人数有所增加，山东籍、河北籍成员人数逐渐减少。此时，组织成员不局限于失业漕运水手、当地无业游民等，逐渐有平民甚至士族、官宦等加入。

（二）行业活动

船帮的行业活动主要有祭神、"开香堂"、新船下水仪式等。此外，清末时，政府严厉打击罗教，为了避免暴露身份，其活动不能公开，还出现了隐语、暗号和靠码头。

1. 祭神

中国封建社会行业神崇拜历史悠久，船帮会馆会祭祀水神以求水运平安，通过行业神崇拜来增强行业凝聚力。不同水神信仰体系的船帮会馆祭祀各自的保护神，如王爷庙祭祀镇江王爷以求镇江水保安澜、天妃庙祭祀天妃娘娘等。

以王爷庙祭祀镇江王爷为例，王爷庙的镇江王爷信仰体系在民俗文化层面最直观的载体就是王爷会。王爷会又称镇江会、天祝节（《南溪县志》载），在四川绵竹、蓬溪、纳溪、灌县、广安、南充等多地广泛流行。王爷会会期定于农历六月初六镇江王爷诞辰之日，王爷会的参与者主要为船夫及其家眷，同时也有本地依赖水运的大商帮。清嘉庆《温江县志》记载："六月六日敬祝神诞，远近州县人民多携雄鸡至祠割而祭之。"王爷会的祭祀场面十分盛大，活动主要以笙歌、烧香、放鞭炮、唱大戏为主，部分地区举行割雄鸡、备牲礼的祭祀活动，且当天船民均不开船，全天进行祭祀与娱乐活动。

2. 开香堂

清末，开香堂之风十分兴盛。这里所指的开香堂主要是针对新成员入帮的仪式。以下简要介绍青帮的入帮手续和礼仪。为了维系和加强青帮内部的团结，加入青帮需要履行以下手续。第一步是"记名"，加入青帮者需由引进师担保引见，介绍到某一师父的门下，投递"门生贴"，确头记名，然后等候察访；第二步是"上小香堂"，先拜师父做门生，成为青帮的外围成员，学习帮内的规矩、礼仪等，待师父进一步考察；第三步是"上大香堂"，又称"上大钱粮"，其程序与上小香堂大体相仿，只是规模更大，礼仪更加隆重。总之，遇到重大事件才开香堂，因此仪式特别庄重，帮内人员对其特别重视，青帮因此还制定了开香堂规范。

3. 新船下水仪式

小船下水要杀鸡敬"老爷"，船头就是"老爷"。即当天买公鸡，把公鸡拿到船头割破喉咙，让血流在船头的木板上，血印预示生意的兴隆。在一般的小船上还要拜菩萨，一共有三处地方有菩萨：一是船头；二是桅杆处，为"风王菩萨"；三是出水处，为"雨王菩萨"。

大船下水时，村里的每一家都会来一个男子帮助推新船下水，船老板要举办宴席来宴请村里人。大船上有由木头雕刻成的菩萨实体，为财神菩萨和王爷菩萨。在船下水的仪式中，还要宴请掌墨师吃饭，这样船行才会顺利。

4. 隐语、暗号和靠码头

清末政府严厉打击罗教，为了避免暴露身份，各帮内出现了一套独特的联络隐语和暗号，作为识别帮内弟兄、相互联络的工具。船帮成员在外谋生，访寻好友，因暂时不能行走，便需要靠码头。帮派成员暂到某地因人生地不熟，不知何处是码头，又不便公开打听，于是需要运用隐语、暗号来进行联络，若能对上暗号，便能获得接济、盘缠。

二、水神崇拜体系

几乎所有的船帮会馆都会供奉水神，以祈求水运平安。作为水神崇拜的物质载体，大到江河小到沟渠均有守护的神灵与庙宇，由船商参与建造的这些庙宇就是船帮会馆。我国河流、湖泊纵横密布，丰富的自然地理环境孕育了历史悠久且内涵丰富的水神信仰。从远古时期炼石补天的女娲、治水有功的大禹，到传说中的各地龙王、河神、湖神，再到明清时期官方崇祀的金龙四大王、天妃、各种大王和将军等，中国古代有关水神的记载越来越丰富。长江流域、大运河流域、黄淮流域、西江流域四个重要流域都有其不同的水神信仰。

（一）长江流域水神信仰

1. 汉水流域

明清时期，随着江汉地区水上交通的发展、经济联系的增强，以及"湖广填四川"移民潮的出现，杨泗信仰随着船工及移民的脚步上溯江汉，传到湖北、四川、河南、陕西等的沿江沿河口岸。沿着长江、汉水有不少杨泗庙，杨泗信仰在汉水流域尤其兴盛。晚清时期，湖南的杨泗信仰还南越五岭传到广州等地。

2. 川江流域（长江主干及岷江、嘉陵江、沱江、涪江、渠江干流流域等）

川江流域多为丘陵地貌，山脉纵横，河流众多，形成以长江、岷江、嘉陵江、沱江、涪江、渠江等为主干的水运网。川江流域的水神信仰体系大体有江渎神信仰、龙王信仰、镇江王爷信仰等三种主要类型，依次对应江渎神庙宇、龙王庙以及王爷庙。

（1）江渎神与龙王信仰体系

在川江流域，江渎神信仰历史最为悠久，且多为官方行为。龙王信仰则多为民间行为。在自然灾害面前，人类渺小而无力，只能转向龙王祈求风调雨顺，家宅安宁，这是龙王信仰最主要的精神内涵，也是龙王庙在多地大量出现的深层原因。

（2）镇江王爷信仰体系

镇江王爷是川江流域王爷庙的祭祀对象，也是巴蜀地区水神信仰的重要分支之一。与江渎神信仰、龙王信仰有着较大的区别，镇江王爷信仰的核心诉求在于"镇江"，其祭祀文化带有更强烈的商业色彩，且江渎神信仰与龙王信仰分布广泛，全国各地都有类似的祭祀场所，镇江王爷信仰体系则带有川江流域强烈的地域色彩，在国内其他地区较为少见。除此以外，王爷庙多由船帮与商贾修建而成，从事共同行业的祭祀人员使得镇江王爷信仰体系有了更为丰富的行业内涵。

3. 潘阳湖流域

明清以来，鄱阳湖地区围绕水产生了众多水神崇拜与水神信仰。龙王神是鄱阳湖地区最具代表性的水神。龙王神信仰在全国各地较为普遍，这与龙王行云布雨的民间神话传说有关。在鄱阳湖地区，龙王神的故事亦广为流传，兴建龙神庙或龙王庙也较为普遍。

4. 洞庭湖流域

历代洞庭湖居民饱受洞庭风浪和洪水之灾，对水的敬畏已形成一种集体无意识，深深地植根于他们的脑海当中，从而形成了一种根深蒂固的水神崇拜。洞庭湖水神传说历史悠久，资源丰富。有的是远古神话，如湘君、湘夫人传说等；也有通过民间讲述或文人执笔等方式流传下来的故事，如屈原、柳毅、杨么、龙母的传说等。历史上洞庭湖水神信仰无论在官方还是民间都很盛行，历朝历代都把祭祀各种司水神灵列为重要的政事活动，这些传说与信仰至今还鲜活地存在于洞庭湖民众的生活中。

（二）大运河流域水神信仰

中国大运河跨越今京、津、冀、鲁、苏、浙、豫、皖等六省二市，沟通钱塘江、长江、淮河、黄河、海河五大水系。运河漕运的现实需要以及当地特殊的地理环境、文化传统使得运河流经区域的水神信仰极为盛行。明清时期直隶运河区域是水神信仰较为盛行的区域，按照水神的职能和属性，我们可以以将其简要分为海神、河神、龙神三类。

天津由于临近渤海，因而海神信仰盛行。在众多海神祭祀场所中，以祭祀妈祖的天后宫最为盛行。天津的妈祖信仰始于元朝，元朝开辟的海运漕粮使人们与海洋有了更多的接触。妈祖作为一位航海佑护神能在天津安家落户，不仅与漕运水手和闽浙商人长途泛海来津的经历和信仰有渊源，也与天津河海交汇的自然环境有关系。

金龙四大王是明清时期运河沿岸地区最有代表性的河神,具有护佑漕运、防洪护堤等职能。运河的流经使得直隶运河沿岸地区成为金龙四大王信仰盛行地区。金龙四大王是官方正祀的河神,其信仰之所以如此盛行,一方面是水上航运的现实需要,另一方面是官方大力倡导和推动的结果。除金龙四大王外,运河沿岸官民还祭祀具有浓厚地域特色的卫河河神。

中国的龙崇拜产生于原始社会,龙崇拜就性质而言,是一种灵物崇拜。龙的信仰及"龙王"的称谓与佛教的传入关系密切,统治者的推崇则进一步强化了龙王在民众中的影响。直隶运河区域地处华北腹地,水旱灾害频繁发生,故龙神信仰极为盛行。

（三）黄淮流域水神信仰

黄河历史上被视为百水之首。出于对黄河水患的恐惧和无奈,黄河流域民众祭祀河神,以祈求地方社会的安宁祥和。于是,河神信仰与黄河治理相伴而生。明初之前人们只是把河神当作专司河道的神祇而做一般性祭祀,故河渎神是以自然神形象出现的。明中后期,黄河流域民众对治河河神极为信仰与崇拜,而代表整个国家的河渎神信仰却不断被民间的河神信仰所分化,治河河神逐渐成为明代官方和民间河神信仰的主流。最终,民间河神信仰进升为国家正祀。淮河流域水神信仰则大多由黄河流域传播而来。

（四）西江流域水神信仰

西江流域的地理环境具有岭海相隔、炎热多水的特征,龙的崇拜文化在这里孕育、发展,加之母权制社会宗教的祖妣崇拜遗存,因而,自古以来,在我国西江流域,龙母信仰十分盛行。秦汉时期,在西江流域就形成了龙母崇拜的习俗;唐宋年间,龙母受到国家和地方的高度重视,屡受敕封,龙母神逐渐成为地方保护神;宋元之际,龙母祭祀文化已初步形成,悦城、梧州、仁化等地都有相当规模的祭祀中心;明清时期,龙母庙遍布西江流域，龙母文化得以稳固发展，并以西江为源头扩展到珠江三角洲地区、东南亚乃至全世界。

第三节　船帮会馆的分类

会馆包括同乡会馆、行业会馆、士绅会馆与科技会馆，船帮会馆属于行业会馆的一个分支。上文提到，不同水神信仰体系的船帮组织祭祀各自的保护神，一般船帮会馆的命名方式也与崇拜的水神相关联，如祭祀镇江王爷的船帮会馆为王爷庙。但祭祀同一个水神的会馆名称也会有所区别，如王爷庙又名紫云宫、镇江庙、水府庙等。本节以水神信仰体系的不同将船帮会馆归为四大类：镇江王爷——王爷庙，杨泗将军——杨泗庙，天妃娘娘——天妃庙，金龙四大王——金龙四大王庙（见表4-3）。

表 4-3　船帮会馆分类

祭祀水神	镇江王爷	杨泗将军	天妃娘娘	金龙四大王
船帮会馆名称	王爷庙、紫云宫、水府庙、镇江庙、镇江寺	杨泗庙、平浪宫、	天妃庙、天后宫、妈祖庙	金龙四大王庙、护龙庙

一、镇江王爷——王爷庙

王爷庙又名紫云宫、镇江庙、水府庙等。明代早期的地方志中未出现王爷庙或紫云宫的记载，最早有明确记载的紫云宫为建于明洪武年间的直隶叙永厅紫云宫。

王爷庙作为船帮会馆，除承担"祀神"功能外，还承担了组织行业集会——"王爷会"的功能，为船帮组织举行行业活动与娱乐提供了场所，也可作为解决行业纠纷、制定行业规范的场所。王爷庙在建造的过程中多采用巴蜀地区地域化建造技艺，而由于船帮组织普遍较低的社会地位以及较差的经济实力，王爷庙在实际建造时更关注营造技艺的实用性与经济性，多采用灵活的构架体系以及竹编夹泥墙等就地取材的建造方式，整体建筑风格较为朴素。

现存的王爷庙有四川自贡自流井王爷庙、重庆扇沱紫云宫、四川成都黄龙溪镇江寺等。

二、杨泗将军——杨泗庙

在江汉地区，杨泗将军是地方特性鲜明的水神。围绕着杨泗信仰，形成了船民特有的民俗活动。人们在农历六月初六的杨泗将军神诞日举行一年一度的大规模祭祀活动。汉口的杨泗庙会较为奇特，沿江河码头及鹦鹉洲一带居民多参加"磨子会"，以石磨为杨泗将军偶像。

南阳淅川荆紫关的平浪宫是目前所见最完整的杨泗神庙，已被列为国家重点文物保护单位。现存的杨泗庙还有陕西丹凤平浪宫、旬阳安康杨泗庙等。

三、天妃娘娘——天妃庙

天妃庙、天后宫不仅在福建"香火日盛，金碧辉煌"，在沿海、沿江、沿河地带也广泛建立。它们既是祭祀天妃的场所，也是福建商人的会馆、公所。

为了保护漕运，祈求安全，元至元十五年（1278 年），元世祖加封妈祖为"护国明著灵惠协正善庆显济天妃"，并敕在南北各地沿海漕船经过的地方建庙祈祷。元至元年间，天津旧城东门外迤北、旧三岔河口迤南和海河西岸建起了天津第一座庙宇——天妃灵慈宫。

现存的天妃庙有天津南开天后宫、福建泉州天后宫、深圳赤湾天后宫以及台湾彰化天后宫等。

四、金龙四大王——金龙四大王庙

清时期京杭运河沿线区域水神信仰极为盛行，最有代表性的莫过于对黄河河神和漕运保护神金龙四大王的祭祀和崇拜。金龙四大王，名谢绪，南宋诸生，杭州钱塘县北孝女里（今浙江杭州市余杭区良渚镇安溪村）人，因其排行第四，读书于金龙山，故称"金龙四大王"。作为黄河河神和漕运保护神，金龙四大王除具有防洪护堤、护佑漕运的功能以外，在民间也被赋予了保障航行安全、掌管水上生死等职能，既为河漕官员、漕军、运丁所崇祀，也为船工、水手、商人所供奉。明清时期更是不断被官方敕封，其最后的封号多达四十余字。

漕粮运输的艰辛及其肩负的职责，使得漕运官员无不企望漕运顺畅，当人力无所施，则祈求神灵的保佑。险恶的航行条件使得漕粮运输过程中漂溺、沉没之患在所难免，一旦漕粮漂没，漕船翻覆，漕军、运丁生命财产往往得不到保障。即使有幸保住性命，也要面临偿付漕粮之责，其中艰辛不言而喻，故所经之处，往往建庙祀神，祈求保佑。现存的金龙四大王庙有河南焦作大王庙、河南新乡金龙四大王庙以及北京丰台大王庙等。

第四节　船帮会馆的地域分布

绝大多数船帮会馆或逐水而建，或建造在水运贸易集散地，以水域为核心的自然环境要素对船帮会馆的分布与选址产生了深远的影响，区域经济等人文要素也在一定程度上影响了其地域分布。本节对上述类型船帮会馆历史记载及现存的地域分布作简要分析。

一、王爷庙的地域分布

王爷庙作为行业会馆的一种重要类型，在清代的川江流域有着广泛的分布，与川江流域水路运输有着极为密切的联系。历史考证与现存的王爷庙几乎全部沿水域分布。如图4-1至图4-3所示，王爷庙在长江流域及其支流分布较为密集，且多数分布在川江流域和湘江流域。

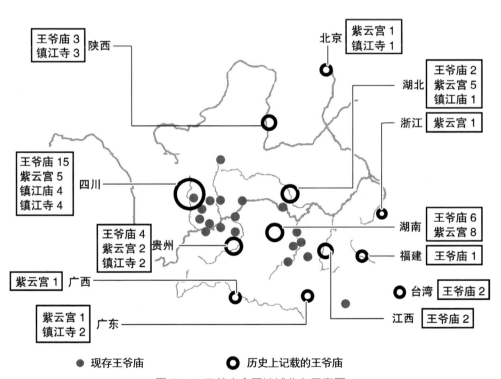

图 4-1　王爷庙全国地域分布示意图

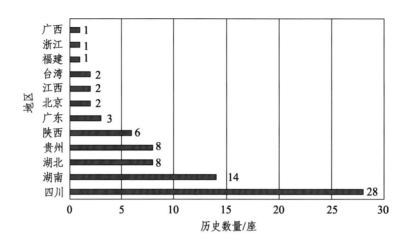

图 4-2　王爷庙全国地域分布柱状图

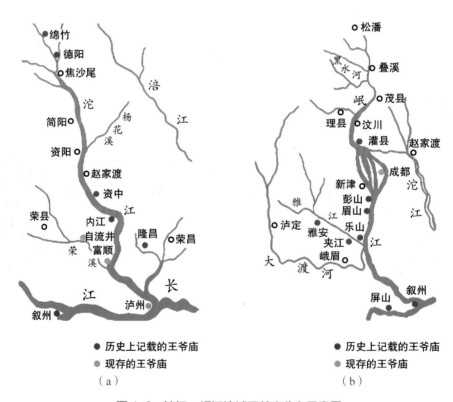

图 4-3　沱江、岷江流域王爷庙分布示意图

二、杨泗庙的地域分布

历史记载的杨泗庙在长江流域的安徽、江西、湖北、湖南以及四川省分布较为密集，黄河流域有少许分布；现存的杨泗庙在汉水流域分布较多（见图4-4、图4-5）。

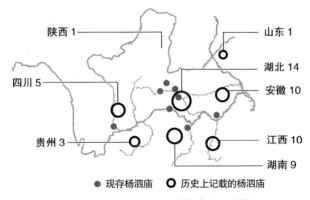

图 4-4 杨泗庙全国地域分布示意图

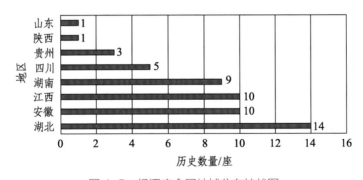

图 4-5 杨泗庙全国地域分布柱状图

三、天妃庙的地域分布

历史记载的天妃庙在沿海地区分布密集，尤其在广东、福建、江苏、浙江、广西、海南等大量分布，并形成由沿海地区随水域逐渐向内陆蔓延的趋势；现存的天妃庙同样在沿海地区较多（见图4-6、图4-7）。

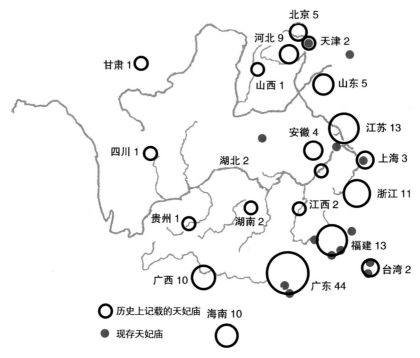

图 4-6　天妃庙全国地域分布示意图

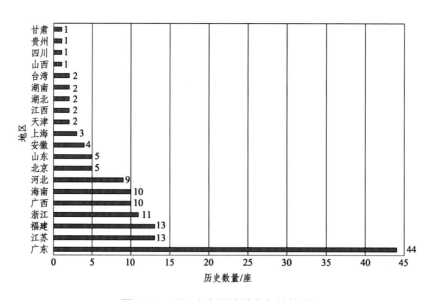

图 4-7　天妃庙全国地域分布柱状图

四、金龙四大王庙的地域分布

明清时期直到民国年间，金龙四大王信仰主要分布在黄河流域和运河流域。清人赵翼曾言："江淮一带至潞河，无不有金龙四大王庙。"具体而言，这一信仰分布最密集的地区是河南、山东、江苏三省交界地区，并呈现以此为中心，向四周递减的空间分布态势（见图4-8至图4-10）。

图 4-8　金龙四大王庙全国地域分布示意图

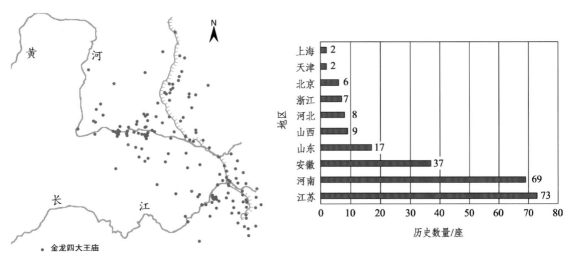

图 4-9　清代京杭大运河流域金龙四大王庙分布图　　　图 4-10　金龙四大王庙全国地域分布柱状图

第五节　船帮会馆建筑实例解析

一、杨泗庙

蜀河镇船帮会馆又称杨泗庙，建于清咸丰二年（1852年）。2009年7月起对山门、戏楼、正殿、拜殿等主体建筑和东厢房、西厢房等附属建筑实行保护维修。现整体保存良好，为陕西省重点文物保护单位。

在选址上，蜀河镇船帮会馆占据高耸的地势，同时又临近汉水和蜀河交汇处。这样既避免了汛期水势上涨对建筑的破环，又可以更加接近水面；在朝向上，会馆建筑在因借地势的基础上，将山门略微旋转，来获得与对岸山势的良好对位关系（见图4-11）。

杨泗庙坐西南朝东北，背倚山坡，南临汉水，面朝蜀河河口。由

（a）

（b）

图4-11　杨泗庙鸟瞰组图

于地形限制，杨泗庙整体顺应山势，平行于山体等高线布置，而非严格遵循坐北朝南的传统朝向。

杨泗庙由一路两进院落组成中轴对称式的狭长布局，又依山势形成三级台地。中轴线上依次分布山门、戏楼、前院、拜殿、后院、正殿。山门朝前方开，并在南侧另开一侧门。山门至前院须经过位于戏楼下方的十六级台阶，形成第一级台地。前院同样十分宽阔，进深十五米，面阔十余米，适合

观戏、聚会，南侧为单层行廊四间，北侧为行廊和厢房。北侧房屋地坪标高较高，行廊直通后院，向后继续抬升台阶九步，抵达拜殿，形成第二级台地。拜殿向后为后院，后院同样狭窄紧凑，进深不足三米，带着幽静和神秘的氛围。后院南侧为围墙，北侧通向前院的行廊和厢房。南北两侧共嵌有石碑三通。后院向后抬升六级台阶到达正殿，此为第三级台地。至此，形成了前院观演空间与后院祭祀空间的总体格局（见图4-12和图4-13）。

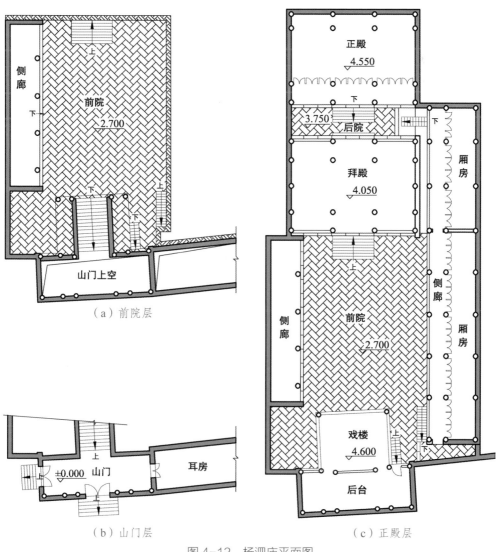

图4-12　杨泗庙平面图

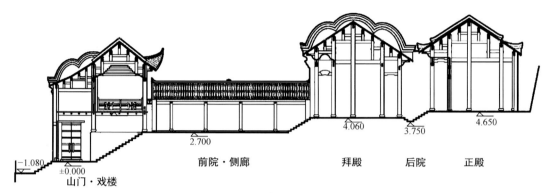

图 4-13　杨泗庙剖面图

山门为五开间硬山式建筑。檐口和屋脊平直，屋面呈平缓的上翘曲线。山墙为云纹式，起伏共三次。山门正立面为砖砌，上有三开间仿牌楼形制的砖砌门楼，门前有台阶五步，两侧为两扇圆形窗洞。山门南侧另开拱门一道，北侧通向一列南北向耳房。作为船帮会馆，蜀河镇的双圆形窗洞立面造型十分典型，加之位于临水的高坡之上，因而十分显著（见图4-14）。

（a）　　　　　　　　　　　　　　　　　（b）

图 4-14　杨泗庙山门组图

山门后为倒座式戏楼，牌匾上书"明德楼"三字，面阔三间，朴素优雅。戏楼采用单檐歇山顶，并有收山构造，使屋顶更加小巧轻盈。翼角采用嫩戗发戗做法，屋檐至翼角处有很大起翘。檐下只在角部设三跳转角斗拱，即清式七踩斗拱，雕饰精美"戏台下方设柱四根，而戏台以上仅余檐柱两根。檐柱之间有大、小额枋，未设雀替。戏台亦分前台和后台两个部分，由木制屏风分隔。屏风左右各设一门，分别用于出入。门上有镂空骑马雀替，以枝叶造型，十分雅致。前台同样设有平面八边形的覆盆式藻井天花，共六层，交接处呈花瓣形，曲线灵动优美。后台面阔五间，进深一间，却有四根短柱，加上山门立面砖墙一起，支撑五架檩，继而承托上方的屋面，将山门屋面与戏楼屋面巧妙地连接在一起，精妙绝伦、巧夺天工（见图4-15）。

（a）　　　　　　　　　　　（b）

图4-15　杨泗庙戏楼组图

　　拜殿为硬山式形制，面阔三间等距，进深五间，中间两根中柱减去。屋面、屋脊、檐口均平直无曲线，两侧山墙采用云纹式，起伏共三次。檐下采用单挑支撑出檐，不设斗拱。拜殿为开敞式，檐柱和金柱之间采用了卷棚式的天花，其他地方不设天花。檐柱之间设大小额枋，未见雀替。台基高出前院约1.35米，中央设台阶九步，通往后院处设两步。结构方面，拜殿采用砖木混合、穿斗式和抬梁式并存的结构形式（见图4-16）。

　　正殿为面阔三间、进深五间的硬山式形制，仅设前廊。屋面、屋脊、檐口同样平直无曲线，而依靠人字形山墙在侧面形成微微起翘的轮廓。不同的是，前廊上方采用了平板式天花，殿内不设天花，并供奉杨泗将军像。正殿同样采用砖木混合、穿斗式和抬梁式并存的结构形式。

（a）　　　　　　　　　　　　　　（b）

图 4-16　杨泗庙拜殿组图

　　装饰主要集中在山门上。山门正门的两幅对联镌刻在石质的壁柱上，自上方的檐口。上方的出檐仿照"破中"和博风斜抹的重檐式样，檐下斗拱采用了独特的五层莲花瓣样式。山门的侧门也别有韵味。拱形的门洞上方是垂花式的屋檐，檐下书"朝阳古洞"四个大字，字体古朴厚重。门前方形的门枕石分别刻着鹤与鹿的形象，黝黑的表面见证了百年来香火的繁荣。时至今日，这里仍然是当地人们烧香祈福的地方（见图4-17）。

（a）　　　　　　　　　（c）　　　　　　　　　（d）

（b）

图 4-17　杨泗庙建筑装饰组图

二、王爷庙

（一）自贡自流井王爷庙

自贡王爷庙位于沱江流域，坐落于自流井釜溪河畔，依傍于牛佛山，目前仅余滨水的戏楼与部分厢房，却是巴蜀地区现存保存情况最好、建筑成就最高的王爷庙，被列为四川省省级文物保护单位，更被称为巴蜀地区王爷庙的"总庙"。自流井王爷庙由本地籍盐商李四友堂捐资修建，作为本地盐帮与船帮祭祀镇江王爷、举行王爷会与行业活动的场所，为自贡本土盐帮以及船帮共同的会馆建筑。自流井王爷庙的形成演变历程与自流井盐业的发展密切联系，见证了清代中晚期自贡盐业与沱江水运的繁盛。历史上的自流井王爷庙由正殿、戏楼以及两侧厢房组成，在老照片中可以看到原始四合院的布局、正对江心的戏楼以及正殿的十字脊，一艘艘盐船在王爷庙下整装待发，足见清末自流井地区的盐运盛况（见图4-18）。

图 4-18　清末自流井王爷庙盐运盛况

　　根据资料考证，王爷庙始建于咸同年间，与"川盐济楚"带来自流井盐业兴盛的时期高度吻合。初期仅建有正殿部分，作为祭祀镇江王爷、祈求盐运平安的场所。随着盐商经济实力的壮大，于光绪年间修建了王爷庙戏楼部分。王爷庙于民国十五年（1926年）进行过整体修复，其正殿与部分厢房毁于修建井邓公路之时，如今的王爷庙仅剩戏楼与两侧部分厢房。

　　王爷庙的建筑整体采用座西南向东北、背山面水的布局方式，从江岸到山坡沿轴线由低到高依次排列着戏楼、庭院和重檐十字脊的正殿。王爷庙正殿前道路为自流井通向富顺的必经之路，来往行人络绎不绝，光绪年间扩建戏楼时为保证道路通畅，两侧厢房与道路连接部分架空设置入口，形成庙中有路的独特形态。除此之外，受用地条件限制，扩建时将戏楼主体建筑整体建于江心的堡坎之上，与地形完美契合，俯瞰江流回转，与自然景观完美融合。自流井王爷庙古戏楼歇山顶翼角高悬，稳重而活泼，雕刻装饰图案精美，题材丰富，令人目不暇接，是四川地区保留最为完好的古戏楼之一（图4-19）。

（a）　　　　　　　　　　　　　　（b）

图4-19　自流井王爷庙组图

三、紫云宫

扇沱紫云宫（王爷庙）位于重庆长寿区长江南岸的扇沱场，基址为一扇形的天然静态良港，修建于乾隆五十九年（1794年），原址2001年被列为三峡库区淹没文物，后在原址进行复原重建，现为长寿区区级文物保护单位（见图4-20）。

图4-20　扇沱紫云宫

长江三峡蓄水前，扇沱紫云宫下山体陡峭，主体建筑高耸于江岸之上，老照片中紫云宫仿佛嵌于半山之中，山门正对江心，前后两进院落与山势完美融合，气势巍峨。大坝建成后，随着水位线的提高，紫云宫下山体大部分被淹没，紫云宫主体建筑年久失修，后进行了复原重建。修复后的紫云宫在空间布局、建筑形态以及装饰图案上基本保持了原貌，前后三进院落依山而建，依次为戏台、中殿与正殿。入口山门面临长江水视野开阔，上书"紫云宫"，楹联"迎来上殿至神，镇定一江清静；放出回廊钟鼓，唤醒两岸痴迷。"

扇沱场镇历史上因码头而兴旺，港口可同时停靠上百艘船只，频繁的水运贸易往来致使场镇居民均从事水运相关行业，为来往船只提供服务，会馆祠庙仅有紫云宫一座。本地船帮名华同船帮，其中大户出资修建紫云宫，于每年农历三月二十八枯水季在庙中祭祀镇江王爷，每日来往码头的船工与家眷也于庙中祭拜镇江王，一时香火鼎盛。扇沱场因水运而生，码头文化与水运经济也孕育了船帮会馆——扇沱紫云宫。

四、平浪宫

南阳淅川荆紫关的平浪宫，是目前所见最完整的杨泗神庙，已被列为国家重点文物保护单位。荆紫关位于豫陕鄂三省临界处，是沟通三省的交通要地，丹江成为串联三省的纽带。

平浪宫位于荆紫关南街，坐东向西。据碑文记载，平浪宫建于清初崇德三年（1638年），后重修。相传杨泗治水有功，祷雨辄应，在河道上妖魔邪怪都怕他，所以船工们崇拜他，为他集资筑建了这座平浪宫。每年农历六月初六，河道上、码头上的船工们都纷纷到此祭祀、烧香磕头，保佑出航平安，一帆风顺。此风俗相传至今。如今的平浪宫有房舍五座，分前、中、后三宫和耳房，门前两边分别是钟楼和鼓楼。前宫三间，属硬山式建筑，宫门上有一块大理石竖匾，上刻"平浪宫"三个字（见图4-21）。一宫两楼，肩并着肩，站在小街上，无论从哪个角度看，总看到它们重叠如波浪，又比波浪层次更多，韵律感更强（见图4-22）。中宫为硬山式建筑，正脊、垂脊均有砖雕。前宫里塑有水妖像，分别是水牛精、龟精、黑龙精和水螺精，它们都是为杨泗爷站岗护卫的。中宫格局、装饰变化较大，目前留存有壁画"雄鸡报晓"和"嫦娥奔月"。中宫的山墙上各竖有铁叉，南写"万古"，北书"千秋"，意为平浪宫万古千秋、世代永存。后宫里塑有河神"杨泗爷"，两旁各有两个护卫，即虾兵、蟹将和巡河夜叉、青鱼将军。

图 4-21　平浪宫山门

（a）　　　　　　　　　　　　　　（b）

图 4-22　平浪宫钟鼓楼

五、天妃庙

天后宫原名天妃宫，又称娘娘宫、小直沽天妃宫、西庙，坐落于天津三岔河口之海河西岸，宫南、宫北大街（今古文化街）正中，始建于元泰定三年（1326年），明永乐元年（1403年）重建，是中国现存年代最久的天妃宫之一。天后宫内供奉着天后娘娘。天后在古时被人们称为护海女神。天后宫建筑群规模庞大，气势雄伟壮观，庙宇坐西朝东，面向海河，占地面积5 352平方米，建筑面积17 34平方米。沿中轴线自东向西依次有戏楼、幡杆、山门、牌楼、前殿、大殿、藏经阁、启圣祠。两侧配以钟楼、鼓楼、关帝殿、财神殿、其他配殿及过街楼张仙阁等建筑，前殿和正门之间有普济泉等三口水井。

主体建筑是大殿，建造在高大的台基之上，中间面阔三间，进深三间，七檩单檐庑殿顶，前接卷棚顶抱厦，后连悬山顶凤尾殿，是典型的明代中晚期木结构建筑风格。该建筑群是中国三大天后宫之一（见图4-23）。

图4-23 天津天后宫

戏楼、广场和幡杆均在天后宫正门之外，为过去祭祀天后的场所。广场在过年等时候会有大量卖吊钱、窗花的摊位聚集，非常热闹，戏楼有时也会启用。天后宫前殿祭祀天后仪仗的护法神，正中为王灵官，左右分别为千里眼、顺风耳、加善和加恶。正殿祭祀天后，塑像周边有记录妈祖生平的壁画以及仪仗。凤尾殿在正殿后身，祭祀净瓶观音、滴水观音和渡海观音。

过去船户在出海之前往往将船做成模型奉送给天后，以此祈祷出海平安。正殿的神龛里，天后圣母慈眉善目，仪态端祥，凤冠霞帔。左右立着四彩衣侍女，其中两人手执长柄扇遮护天后，另两人一个捧宝瓶，一个捧印绶。上有三块匾额，中间一块写着"垂佑瀛埠"，意为赐福沿海。两旁分别写着"盛德在水""万里波平"。

天后宫是历代海祭中心，也是古代船工海员娱乐聚会的场所，除了举行隆重的祭祀海神天后的仪式外，还经常有各种酬神演出。据说每年农历三月二十三日为天后妈祖的诞辰，天后宫在这一天经常举办民间花会，吸引了很多游人。1982年，天后宫就被列为天津市重点文物保护单位，1986年，天后宫被辟为天津民俗博物馆对外开放，以介绍天津的历史沿革，陈列着各种民俗风情实物。2013年，天津天后宫被列为全国重点文物保护单位。

六、金龙四大王庙

河南新乡市卫河南岸的金龙四大王庙建于明代万历年间，清代重修。现存大殿、月台，殿后有配房三座，配房与大殿形成四合院。大殿坐西面东，面阔三间，硬山、琉璃瓦顶，建于高土台上。庙内南墙上嵌有明崇祯十二年（1639年）《重修金龙四大王庙记》、清顺治六年（1649年）《护国安民》、乾隆十二年（1747年）《重修大王庙山门》、乾隆二十六年（1761年）《建立歌舞楼序》等碑数通。因年岁久远，风雨剥蚀，碑文已不完整（见图4-24、图4-25）。1999年市政府拨专款对此庙进行全面的修缮。

图4-24　新乡金龙四大王庙

图4-25　新乡金龙四大王庙老照片

古时卫河通称御河（另有称大运河），明朝时改称卫河，跨越河南、山东、河北、天津四省市，在20世纪60年代以前，一直是华北平原的重要内河航道。元明时期，卫河航道已显得十分重要，其航运对新乡的工商业发展曾起过重要的促进作用。清末民初，往来于新乡、天津间的货船达七百余支，载重百吨以上的大船约占三分之一，船民有数千人。物资的装卸转运分别由饮马口、杨树湾两个码头集散。当时的卫河岸边，商业集中的北关街，如游家、李家、卫家等各大行号都是前门设店，后门建有泊位，供货船停靠装卸货物。因此，沿河多建庙宇供奉河神祈求平安。

在金龙四大王庙院内，有一嵌于大门一侧墙体内的石碑，碑上刻有"大清光绪三十二年（1906年）"重修的文字，院子里残存的碑刻也随处可见。

七、护龙庙

广西玉林船埠村西边有一座保存完好的护龙庙。据传这座护龙庙是由船埠当地的商家们集资兴建的。护龙庙已被列为玉林市文物保护单位。

护龙庙的中轴线与南流江主流向垂直，包含有两个天井院落，为三进式，从头座的大门开始，到正殿，再到后殿，依次升高。头座主要是中间的大门，原先左右各有一个耳房，现右侧耳房已新建了房屋。头座大门有石砌的柱廊，柱子底座是精美的多重柱础，柱廊的横撑上方还有图案丰富的石雕。穿过大门来到第一个天井，面对的就是正殿，正殿供奉着龙王爷的神像。

整体有三跨，垂直中轴线方向有一左一右两个拱形门廊，砖砌的门廊上方还有斑驳的彩画。后殿有两层，可以顺着背后的楼梯上到二层。后殿的建筑细部更为精细，首先是有三段曲折弧形的门廊，细部雕刻和工艺比正殿的更为精湛，且门廊上方的彩画也是立体凸起的雕刻工艺。站在后殿的二层向下看，可以看到第二个天井墙体上的绘画和对联，与左右两侧琉璃屋顶的连廊相得益彰。护龙庙作为船帮会馆的一种，不仅承载着人们对于平安往来的美好祝愿，也是当时先进建造工艺和建筑风格的实体见证。

（a）护龙庙航拍

（b）护龙庙大门

（c）护龙庙正殿

图4-26 护龙庙组图

第五章

其他行业会馆

第一节　其他行业会馆类型

一、冶铸业会馆

五金包括金、银、铜、铁、锡，冶铸业会馆是由五金行业相关手工业者参与修建的会馆。太上老君是道家创始人老子之号，因其炼丹炼汞有执掌火候之功，所以与火有关的行业包括铸造业和补锅业等纷纷把太上老君视作行业神。而烧砖瓦及制陶业除了供奉太上老君外，还供奉土地爷、山神以及牛神、马神等，因为土和山是这些行业的原料来源，牛马则是采料、运输的脚力。现存的冶铸业会馆有上海铁业公所老君殿、佛山国公古庙等。

二、布业会馆

这里说的布业是衣服、鞋、帽、饰品的总称，制作工艺包括机织、靛染、缝制等。布业会馆即为上述各行手工业者参与建造的会馆。现存布业会馆以机织、裁缝、颜料会馆为多。机织、裁缝奉嫘祖、轩辕黄帝为行业神，行业会馆为轩辕宫。与其他行业的手工劳动者一样，裁缝师傅也有他们的"行业规矩"，例如，他们奉轩辕氏为行业的祖师，所用量布的尺也名为"轩辕尺"。学做裁缝要先当三年学徒，俗称"吃三年萝卜干饭"。学徒每天除了生炉子、烫熨斗外，有的还要为师父、师娘"倒夜壶"、做杂活，小心服侍老板夫妇和各位师傅，并且要学做"滚边"和各种花色的纽扣，三年满师才能上案板。现存布业会馆有苏州轩辕宫、广州锦纶会馆等。

三、杂货业会馆

杂货指多样的次级生活用品，杂货业包含的行业数量多、营业规模小，其中规模较大的有皮箱业、烟业、鞭炮业、梳篦业、针业、扇业。

皮箱业奉鲁班为祖师，有祖师庙东极宫，也称皮箱行会馆，内部除了供奉祖师神鲁班外，也供奉关帝、财神二位保护神。烟业有水烟业与旱烟业之分，行业所奉祖师神有诸葛亮、阴司公公、火神、关帝等。甘肃兰州为著名水烟产地，建有武侯祠，每年由烟业巨子组织集会、酬神。清代山西烟草商在北京建有烟业会馆，称河东会馆，会馆中建关帝庙，主祀关帝，配祀火神、财神。鞭炮业常奉祝融为祖师。湖南浏阳鞭炮业发达，奉李畋（传说中鞭炮发明者之一）为祖师，宋代浏阳城关镇田家巷建有李祖先师庙。梳篦分为木梳、篦簸，为梳头用具，所奉祖师为赫胥、赫连、皇甫、陈七子、张班、鲁班。汉口梳篦业奉赫胥为祖师，清代汉口建有梳篦宫即梳篦业公所[①]。江苏常州木梳业奉赫连、皇甫为祖师，篦簸业奉陈七子为祖师，常州梳篦宫为其会馆。针业奉刘海为祖师，取意于刘海戏金蟾中"线过金钱眼"的动作。清代北京针业在宣武门外上斜街建有供奉刘海的祖师庙"针祖刘仙翁庙"，庙中主祀刘海，配祀药王和财神。杭州是制扇名城，杭州扇业奉齐纨为祖师，杭州兴忠巷内建有扇业祖师殿[②]（见表5-1）。

[①] 吕寅东. 民国夏口县志[M].1920.

[②] 中国人民政治协商会议浙江省委员会文史资料研究委员会.浙江文史资料选辑：第九辑[M]. 杭州：浙江人民出版社，1962.

表 5-1　杂货业各行祖师及会馆分类

杂货业各行	行业神	会馆名称
皮箱行	鲁班	东极宫（皮箱行会馆）
烟业	诸葛亮、阴司公公、火神、关帝、武侯等	武侯祠（水烟）
		河东会馆（旱烟）
鞭炮业	祝融、李畋	李祖先师庙
梳篦业	赫胥、赫连、皇甫、陈七子、张班、鲁班	梳篦业公所
针业	刘海	针祖刘仙翁庙
扇业	齐纨	扇业祖师殿

四、盐业会馆

　　盐业会馆的兴起有着比较复杂的原因，单纯地按照地域、行业或政治性、经济性等来划分，都不足以说明盐业会馆不同的形成原因。比如自贡很多同乡会馆亦为同业者会馆，像"西秦会馆"是由陕西盐商出资修建的，将同乡、同业综合到了一起。还有一种会馆既非同乡会馆也非同业会馆，它是由会节衍化而来，但其功能形制与会馆相似，如"牛王庙"。由于盐业生产多借助于牛推、牛拉，故人们产生了对牛的崇拜，兴起"牛王会"，每年祭神吃喝，后相沿为风，大盐商便出资建庙，人称"牛王庙"。

　　综合考虑，本书将盐业会馆依据建造者和分布区域进行分类。

（一）依据建造者分类

　　根据建造者的不同可将盐业会馆分为"盐业商人会馆"与"盐业工人会馆"。在盐业城镇中，"盐业商人会馆"和"盐业工人会馆"反映了当时社会两种主要的阶级力量的成长与发展，它们是当时社会生活、政治风云、城市俗文化与精英文化等的综合"结晶体"，基本上涵盖了盐业会馆的各种形式与特征。

1. 盐业商人会馆

盐商在外地行商时，为了维护自身利益，便建设会馆以协调工商业务，联络同乡感情，打击排挤对手，并以之作为集会、宴请、祭祀等场所。盐业会馆是各地商帮实力的象征，一般规模较大、等级森严、布局严整，图5-1为西秦会馆外立面，处处体现精美奢华。

图 5-1　西秦会馆外立面

2. 盐业工人会馆

工人们集资修建会馆是为了保护自身利益和商议同行事宜，会馆是工人们集会与娱乐的重要场所，如烧盐工人的"炎帝宫"、挑卤工人的"华祝会"、为祭祀盐业始祖而设的"井神庙"等。工人会馆一般规模较小、形式较自由、布局灵活多样。工人会馆现留存不多，最为典型的是自贡烧盐工人的"炎帝宫"与屠宰帮会的"桓侯宫"，图5-2为炎帝宫（火神庙）外立面，整体比较朴素简洁。

图5-2　炎帝宫（火神庙）外立面

（二）按产盐地域分类

由于盐业产地较广，种类各异，有井盐、海盐等，全国分布着多个产盐区。清代将内地划分为十一个盐产区。《清史稿·食货志四·盐法》载："蒙古、新疆多产盐地，而内地十一区，尤有裨国计。十一区者，曰长芦，曰奉天，曰山东，曰两淮，曰浙江，曰福建，曰广东，曰四川，曰云南，曰河东，曰陕甘。"其中，四川、云南为井盐，河东、陕甘为池盐，其余均为海盐（见图5-3）。

在四川自贡，清代时期活动的主要商人是山陕商人，因此留有许多山陕商人建造的盐业会馆，如山西商人建造的山西会馆，陕西商人建造的陕西庙，山陕商人合建的西秦会馆，等等。其他还有湖广的禹王宫、广东的南华宫、江西的万寿宫、福建的天后宫等。

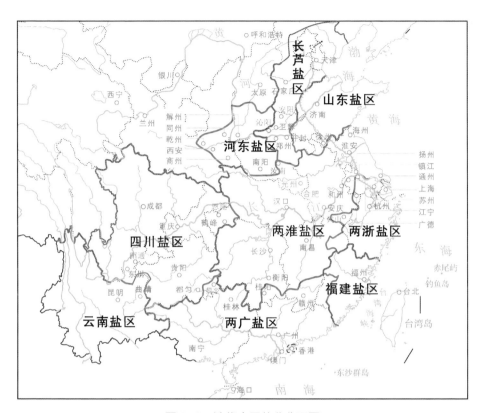

图 5-3　清代全国盐业分区图

　　长芦盐区属于华北平原地区。天津因其优越的地理条件和交通条件，不仅仅是长芦盐区的重心，还是漕运的重要节点。长芦地区除了盐商与盐业工人建造的盐业会馆外，还有许多与盐相关的庙宇类建筑，其类型主要分为三种：保佑盐业丰收的庙宇建筑，如寨上盐母三官庙、灶离庙等；保佑盐运顺利的庙宇建筑，如天后宫、恬佑祠、元侯祠等；保护盐商内部团结的庙宇建筑，如关帝庙等。

　　两广盐区在我国盐业史上占据着重要地位。两广盐区自古盛产海盐，行销粤桂全境及闽赣湘黔滇局部地区，合计七省范围之广。政府制定了严格的盐法制度管控海盐的产运销环节，以控制巨额的盐税收入。盐业会馆作为商人组织聚集地，多分布于重要河道沿岸州府城内。广东商人到达广西境内相对容易，故在广西经营盐业的多为广东商人，因而粤东会馆在广西境内分布众多，除桂东北兴安县、全县等少数州县没有粤东会馆，其余州县都有一至数座粤东会馆。

两浙盐区在明清时期是全国盐业经济的重要分区之一，其运销范围宽广，涉及东南沿海的江苏、上海、浙江以及内陆地区的安徽、山西的120多个州县。人口流动是两浙盐运的最大特点，故在重要节点处都建有盐业会馆。盐业会馆除了有保护盐商、盐业世家、盐业工人利益的作用外，在宗教方面还有祭祀的功能。根据信仰的不同，内陆盐商建立的会馆中的主体祭祀大殿为关帝庙，沿海盐商建立的会馆中的主体祭祀大殿为天后宫。

其他产盐区如淮北盐区、河东盐区、山东盐区等都集中分布着盐业会馆与一些庙宇建筑。它们既承载了精美的建筑艺术，也传承了丰厚的盐文化内容。

在这些产盐地区除了分布着各地盐业商人所建的盐业会馆，还普遍分布着盐神庙，一般由广大盐业生产与经营者筹资修建，以便磋商相关事务与集会，其中供奉盐业神祇祈求神灵保佑。如四川盐神庙（见图5-4、图5-5）、甘肃盐神庙、江苏盐宗庙等（见表5-2）。

图5-4 罗泉镇盐神庙入口　　　　图5-5 罗泉镇盐神庙正殿

表 5-2　各地盐神庙列举

地区	名称	建造时间	图片
山西运城	盐池神庙	东汉建和元年（147 年）	
四川内江罗泉	盐神庙	清同治七年（1868 年）	
甘肃礼县盐官	盐神庙	—	
江苏扬州	盐宗庙（中国南方，也是两淮盐区的第一座盐宗庙）	清同治元年（1862 年）	
	盐宗庙	清同治元年（1862 年）	

五、茶业会馆

茶业会馆的建设与茶商的活动紧密相关。许多外地商人在激烈的茶叶市场竞争中为了维护自己的利益，便联合同乡或同业商人建造会馆，在相互竞争的同时又相互依靠。现将茶业会馆依据建造者和分布区域进行分类。

（一）不同商帮建造的茶业会馆

茶业会馆的发展与茶商的兴衰是分不开的。随着茶业经济发展到一定阶段，出现了茶商这一介于茶农与消费者之间的"中介"，其基本职能是从事茶叶买卖借以谋利，其活动很大程度上扩展了茶叶市场。同盐商一样，随着茶业商道的开辟，各地茶业商帮争相登台亮相，或合作互助或竞争抵制，茶商或商帮会在产茶地、出口地以及商业路线上设置会馆与公所，来维持商帮之间的交流贸易以及维护同乡同业的利益。各大商帮的兴起及繁荣是茶业会馆建设的基础。

中国主要的几大茶叶商帮有山西商帮、陕西商帮、徽州商帮以及广州商帮，其建造的会馆也体现了各自商帮对其原乡文化与建筑技艺的传承。

1. 山陕茶商

山西商人与陕西商人是明清时期驰名天下的商帮，在茶叶贸易中两帮一直处于既联合又竞争的关系，主要贸易对象是易于储存便于长途运输的砖茶。

早在明朝，晋商就不远万里来南方采购茶叶，经舟船、牛马将南方茶叶转运到山西以及西北各地。清代晋商有了较大的发展，开辟了一条重要的茶叶商路，即著名的中俄万里茶路。当时武夷山下梅茶叶市场是全国著名的茶区，也是晋商主要的采茶区，至清末，由于太平军战乱，武夷山至长江水路北上受阻，于是晋商便将采茶地改为两湖地区羊楼洞等地。

陕商除了与晋商合作外，还主要活动在西北、西南茶市。明初政府在西北、西南实行茶马互市制度垄断茶叶市场，中期实行招商中茶，民间茶商开始发展。西北地区的茶主要是湖茶，多为砖茶，称湖砖。由陕商将湖南安化等地所产黑茶通过汉水船运至龙驹寨卸船转陆运至泾阳县压制。泾阳是西北砖茶的制作中心。明清时期，陕西商人一直把持着西北茶叶运销。

晋商与陕商在经营茶叶的过程中留下了许多会馆。本书将茶源地、茶叶转运枢纽之间、茶业转运枢纽重镇中的一些以茶业经营为主的山陕会馆划分为茶业会馆。其中最具代表性的有建于茶源地的汉口山陕会馆、建于茶叶转运枢纽重镇内蒙古多伦的山西会馆等。

2. 安徽茶商

徽商由于"八分半山一分水，半分农田和庄园"的不利农桑的特殊地理环境，自古以来便有外出经商的传统。而徽州以茶为特产，茶业便成为徽商运营的"巨头"。徽商肯吃苦、活动力强，活动范围遍布大半个中国。北京是徽州茶商重要的活动地点，除此之外还有湖北、湖南、江西、上海、浙江等长江中下游广大省市。明清时期的武汉商业极为繁荣，是徽商运贩茶叶的聚集点，所贩茶叶很多转售山陕商人运销西北。徽商在各地都留下了茶业会馆，如北京歙县会馆、上海星江公所、贵州江南会馆、泰州新安公所等（见表5-3）。

表 5-3 徽商建造的茶业会馆列举

地区	名称	始建时间	地址	建造者	备注
北京	歙县会馆	明嘉靖三十九年（1560年）	菜市中街（现广安门大街东段附近）	歙县会馆始建于歙县在京官员之手，而在扩展的过程中借助了两淮盐商、歙县茶商的资本，逐步演变为官商合建的会馆	—

续表

地区	名称	始建时间	地址	建造者	备注
上海	星江公所（敦梓堂）	咸丰、同治年间	上海	胡正鸿等婺籍茶商集资议建	祭祀朱熹
贵州	江南会馆（准提庵）	明代	周街现公路段处	浙、苏、皖三地经营食盐、典当、茶叶、木材、布匹、丝绸、粮油、漆染、珠宝、古董、书籍、文房四宝等的商人	民国时，曾作为军需库，解放后办民族中学，后撤建为公路段办公和住宅房
泰州	新安会馆	—	泰州	绩溪人胡沈源的孙子胡炳华、胡炳衡	置房十余间，田地十余亩，兴建新安公墓一处

资料来源：

寺田隆信、潘宏立《关于北京歙县会馆》，载《中国社会经济史研究》1991年第1期；

上海博物馆图书资料室编《上海碑刻资料选辑》，上海人民出版社1980年版，第510页。

3. 广东茶商

广东茶商主要活跃在南方，主要经营外销茶、侨销茶。广东茶商的发展与其地理区位以及经济贸易发展有关。广州一直是南方重要的外贸港口，商品货币经济的发展自明中期以后已进入全国先进行列，其中茶业商品经济得到长足发展。自唐开始，茶叶就是广州对外出口的重要商品。明清以降，西方对茶的需求激增，广东茶叶产量有限，供不应求，于是广东商人开始经营长途贩运的茶叶贸易，大规模出省出国经商，足迹遍布国内外著名商业城市。在这些区域广东商人除建有各种会馆外，还建有大量的茶铺、茶馆等。如粤商在广州杨仁里曾建茶叶行会馆，在上海、汉口等茶市也留有许多同业会馆、公所。

经营茶叶的商帮还有浙江的宁波、龙游商帮，江苏的洞庭商帮等，其影响远不如徽商、晋商。

这些早在明清时代就出现的雄据一方的茶叶商帮，在长期经商活动中形成了较为固定的经营区域，而且大多以著名的产茶省份为支撑，并随着茶业贸易活动留有许多建筑遗存。他们为了生活四处奔波，开辟了茶业之路，拓宽了市场空间，为茶叶商品经济的发展做出了巨大贡献。

（二）不同地区的茶业会馆

茶区按性质可分为产茶区与运茶区。茶业会馆多分布在其中一些重要的线路节点以及商业重镇。汉口与上海一直都是全国茶业外销的重要口岸。汉口号称"九省通衢"，明清时期更是成为全国的贸易中心，是各种货物的重要转销口岸。历史上，汉口的茶业会馆与公所有汉口山陕会馆、汉口茶业会所等。

上海茶市在晚清开始繁荣。上海本不产茶，茶叶来源于毗邻的安徽、浙江、福建以及其他地区。因市场扩大与商人队伍增加，上海出现了许多与茶业有关的商人团体，因业缘关系而形成了商人同业会馆或公所。主要经营茶叶的商人所建会馆有徽州茶商所建的徽宁会馆、星江公所；江西茶商所建的江西会馆。除了由纯粹经营茶叶的商人所建会馆之外，还有与经营其他商品的商人共同建造的会馆，如上海的丝茶业会馆，由丝、茶众商合建，共同协调丝绸与茶叶生意（见表5-4）。

表 5-4　上海地区与茶业相关的会馆公所

名称	组建年份	地址	组建者
徽宁会馆（思恭堂）	乾隆十九年（1754 年）	剑桥南（今徽宁路）	徽州、宁国茶商
江西会馆（豫章会馆）	道光二十一年（1841 年）	南区街（今董家渡南）	江西商人
丝茶业会馆	咸丰五年（1855 年）	公共租界中旺巷	丝、茶众商
茶业会馆	同治九年（1870 年）	宁波路顾家巷	茶商李振宇等
先春公所	同治年间	小东门内孙家弄	茶馆业主
星江公所（敦梓堂）	咸、同年间	南市塘坊弄	婺源茶商
茶业公所	清末	南市民国路	箱茶出口业主
茶叶公所	不详	小南门	不详

其他茶业贸易重镇如广州、河南周口、湖南武夷山下梅村等都建有各地茶商的会馆及公所，其承担着联络情感、协调关系、应对竞争、议定策略以及商人临时歇脚和住宿、存放货物等作用。

六、酒业会馆、酱业会馆、饼豆业会馆、果橘业会馆等

其他的食品业如果橘业、豆业、米粮业、糖业、酒业、肉业、油业、粮食业、干果业等，未形成如盐业与茶业一样的庞大的行业会馆体系。

其他食品业会馆可按功能的单一与多样分类：一些食品业会馆只由买卖一种食品的商人建造，如酒业会馆有苏州醴源公所、酒仙殿、承德酒仙庙、代州酒仙庙等，果橘业会馆最著名的是福建商人所建的三山会馆，豆业会馆及豆业公所现存的有豫园内的萃秀堂；另一些食品业会馆由混杂运

营多种食品商人共同建造，如由油商、盐商、粮商共建的北京临襄会馆，徽州皮纸、涝油、蜜枣商人合建的徽郡会馆，等等。

以下主要对酒业会馆、酱业会馆、饼豆业会馆、果橘业会馆进行详细说明。

1. 酒业会馆/公所

中国酒的历史源远流长，有许多与酒有关的诗词歌赋与神话传说。中国酒品种繁多，有山西省汾阳市杏花村的汾酒、贵州省仁怀市的茅台酒、湖北省宜昌市的西陵特曲等。在从事酒业经营活动的商帮中，山西商人是最主要的一支力量，其酿造并运营的汾酒更是享誉国内外。在清代，山西商人的实力极大地增强，在全国各地进行酒业的经营，在北京开也设了许多酒馆。康熙五十三年（1714年），在北京经营酒业或开设油铺的商人起会攒资积财，在正阳门外东晓市成立临襄会馆，馆舍极为宏敞，可容数百人，从此两县"业油盐粮行者咸萃于此"。随着工商业的发展，清代后期，各地建起更多的酒业公所，如上海就有酒业公所、酒馆业公所、泰州绍酒公所，苏州有醴源公所等。

除了以上公所、会馆，还有一些庙、殿承载会馆的功能，多由商人资助兴建或修缮，且供有酒业的行业神。如代县酒仙庙（见图5-6），据《重修酒仙庙碑记》碑阴所记，乾隆四十八年（1783年）重修酒仙庙乐楼时，

图 5-6　代县酒仙庙

共有360多户店铺和人员进行了捐款，其中酒泉永、兴盛永、信茂号、魁永号、恒盛店、东升店等作坊、字号多达110多家。代县古代酿酒业之兴盛，由此可见一斑。

2. 酱业会馆

酱是以大豆、小麦为原料制作的调味品，酱以及酱油在中国千年的饮食文化中不可或缺。中国的酱业在发展过程形成了许多品牌，其中扬州酱业声名远播，其酱菜老字号也非常多，如何公盛等。明清两代扬州成为江南地区商品贸易中心，在此发展基础上，经营酱业的商人们在清代始建酱业会馆。

酱业会馆现遗存不多，在扬州的老城区教场社区漆货巷内至今保有一处相对完好的酱业会馆，该会馆建于清末，距今有100多年的历史，是当时扬州酱园老板的聚会场所，但是由于年久失修，船厅和花园均遭损毁，南边的房屋现为民用房。由于具有较高的传统建筑研究价值，2014年，漆货巷酱业会馆被扬州市政府认定为"扬州历史建筑"。2017年，建设部门秉着"修旧如旧"的原则对其进行修缮，以恢复原有历史风貌（见图5-7、图5-8）。焕然一新的酱业会馆以后将作为扬州酱业文化的展示窗口。

图 5-7　扬州漆货巷酱业会馆修缮后鸟瞰图

图 5-8 扬州漆货巷酱叶会馆修缮后现状

3. 饼豆业会馆/公所

饼豆业经营各种豆、豆饼和豆油。明清时期，南方广大片区如江、浙、闽、广等地区经济作物面积不断增长，导致粮食作物面积不断缩小，因而粮食、豆类不得不仰给于外地供应。而大豆的主产地在关东、山东等地，于是南方广大地区便通过大量运输来满足对豆制品的需求。古代大规模的运输一般靠船运，上海凭借优越的地理位置成为南北航运中心。在海禁开放以前，上海豆业市场便已初步形成。海禁开放后，上海豆业市场更加繁荣，自上海开埠至民国时期，上海豆业久盛不衰，民国初年上海豆业更是自称："上海为海疆岩邑，昔时浦江一带，登莱闽广巨舶，樯密于林，而尤以南帮号商与北五帮号商之沙船、卫船从关东、山东运来豆子饼油为大宗生意。吾业行商，当买卖机关，分销各省，营业为全市冠"。①随着上海饼豆业的发展，出现了许多饼豆业公所与工会。

上海的油、豆、饼业公所现存有萃秀堂，作为豆业的同业公所机关所在地，建于道光年间，在豫园内（见图5-9）。在上海今还存有一条叫"豆市街"的小路（见图5-10），是历史上上海乃至全国最大的大豆市场，近南浦大桥处还有一条街"油车码头街"。"油车"是古代的榨油设备，这条街则是原来油车坊集中的地方。

---

① 上海豆业公所萃秀堂纪略·市情之沿革[M]．上海谢文益代印本，1924：3.

图 5-9　豫园内萃秀堂

图 5-10　豆市街早期的板墙房

4. 果橘业会馆

清末民初，福建特产橄榄与福橘畅销上海市场，大批福州、建宁果业商人旅居上海并建有会馆，上海三山会馆便是其中的典型代表。据《沪南果橘三山会馆碑记》记载：“沪南之有三山公所，昉于同治初；乡人林克楷、王必麟、黄绍从三君出集资典里仓桥民房为之。曰沪南者，以别于沪北也。初旅沪闽商，立有三山公所……运果橘者渐盛，公所隘不能容，乃谋别葺，粗构果橘三山公所。"福建商人在其中供奉妈祖，因此也将其称为天后宫。1959年上海三山会馆被列为上海市文物保护单位，历经多次修缮（见图5-11、图5-12）。

图 5-11　三山会馆原状（1959 年）

图 5-12　三山会馆现状（修复后的）

（来源：本刊编辑部《上海三山会馆》，载《闽商文化研究》2020 年第 2 期）

除了以上几种食品业会馆，还有许多其他食品业会馆或公所，由于种类繁杂，多无现存，不再展开赘述。表5-5中列举了现存其他各类食品业会馆。

表 5-5　其他现存食品业会馆列举

城市	名称	建造年代	地址	建造者	照片
上海	肉庄业香雪堂	乾隆三十六年（1771年）	豫园内玉华堂	沪、苏、宁三帮肉业公所，公所建立后改原玉华堂为香雪堂	
	点春堂公馆（花糖洋货行）	道光初	豫园内点春堂	福建汀州、泉州、漳州三府糖业、洋货业商行共建	
	三山会馆（沪北）	光绪二十三年（1897年）	云南路福州路口东南角	福建福州果橘业同业公所	
北京	临汾乡祠	明代初修，乾隆二十三年（1758年）重修	—	山西临汾纸张、颜料、干果、烟行、杂货等五行商人创建	

资料来源：彭泽益主编《中国工商行会史料集》，中华书局1995年版。

第二节 其他行业会馆的兴起

一、盐业会馆的兴起

"民以食为天，盐为百味首。"于民而言，盐是不可或缺的调味品，对人的身体健康至关重要；于国而言，盐税是我国古代仅次于田赋的第二大财源，国家对盐业贸易管控严格。盐在人民生活中占有十分重要的地位，盐文化也与人民的生活密切相关。随着盐文化的兴盛，行帮、会馆以及各种与盐相关的节会与传说逐渐发展起来。由于盐业经济发达，各地商人来往不绝，在相应运盐地区便留存下了许多由盐商建造的盐业会馆，以供人们休憩议事、联络乡谊、谋求合作或开展竞争等。

盐业会馆的兴起还与历史上的移民浪潮有关。如四川盐业会馆的建设与咸丰年间"川盐济楚"引发的巴蜀商业快速发展密切相关。巨大的市场容量、高额的利润回报、丰富的资源储备为异地资本的流入做好了物质层面的准备；同时，由于盐产业的蓬勃发展，一系列与盐有关的民俗、建筑、娱乐、艺术活动也逐渐兴起，形成了极富特色的盐业文化，这为吸引异地文化融入做好了精神层面的准备。正是在巨大盐业利润的诱惑下，大量赴异地"淘盐"的客籍商帮来到巴蜀地区，掀起了清末的大规模商业移民潮，随之而来的是大量盐业会馆的兴建。

除此之外，还有许多盐区建有盐神庙等祭祀建筑。由于这些盐神庙是当地居民或盐商筹资共建，承担会馆功能（聚众、议事、慈善活动等），故也纳入盐业会馆的范围。

二、茶业会馆的兴起

中国是茶的故乡。茶具有独特的医疗保健功能，在历史上又与

"禅""佛"等融合形成"茶道",一直广受欢迎。在古代,对于一些高寒少茶地区来说,当地牧民多食肉、奶等高蛋白食物,需要茶来促进消化吸收与补充维生素,这使得边关与西北地区人民对茶叶有极强的依赖性,"嗜乳酪,不得茶,则困以病",因此"以茶治边"成为中国古代最重要的边贸政策之一。自唐代起,在西北、西南等地区就开始用马匹交换南方地区的茶叶,被称为"茶马互市",并形成了由南方茶区向边关少数民族地区运输茶叶的"茶马古道"。随着茶叶贸易市场的扩大与影响力的提升,终于在17世纪形成了由晋商开拓、连接欧亚的国际商贸古道——"万里茶道"。这条全长1.3万千米的国际古商道由中国福建武夷山,经蒙古草原抵达俄罗斯圣彼得堡,连通了南方农耕文化与北方游牧文化,同时延伸到了中亚和东欧等地区,可与"丝绸之路"媲美。在这些历史上运输茶业的贸易线路上留下了许多各地茶商建造的茶业会馆,见证了在这些商道上曾经茶业贸易的盛况。

直到清代后期,最初依靠人力、畜力运输的陆上茶叶之路逐渐转变为以水运为主的海上茶叶之路。鸦片战争之后五口通商,茶业的出口量剧增,近代以来形成了上海、汉口、九江等著名的茶市,全国的茶叶汇集在此运销边疆甚至国外,在这些重要的茶业港口也留下了许多由各地茶商所建的茶业会馆、公所。

三、酒业会馆、酱业、果橘业等会馆的兴起

明清时期社会生产力提高,使得食品业经济迅速发展。各地区的商人所经营的商品由该地区的所产、所需决定,如山区来的商人多营柿、枣,沿海的商人则多运盐。由于商人们常常地域性地拉帮结派,互相应援,便形成了同乡或同业的食品业会馆。

早期许多食品业会馆以来源地取名,以表现其地域性质,命名方式上带有浓厚的乡土色彩,如临襄会馆(原名山右会馆),实际是"我邑业

油、盐、粮行者，咸萃于此"；福州商人的三山会馆（三山为福州东南一地名），内分洋帮、干果帮、花帮、丝帮、紫竹帮等一些行业性的小帮；徽郡会馆则是徽州皮纸、涝油、蜜枣商的会馆。

清代后期会馆式微，而一些食品业同业组织则以同业公会、公所等全新面貌出现。由于其职能与会馆类似，也是商人团体或同业组织集合的载体，只是在内部分工与制度上略有区别，亦有被称为会馆者。清后期，由于商品经济的迅速发展，这些食品业公所多集中在一些开埠的商贸重镇，如北京、上海、苏州、汉口等。食品业会馆的种类也五花八门，如酒业公所、豆业公所、酱业公所、糖业公所、蛋业公所、鱼业公所、菜馆公所等；还有多种食品业混合的公所，如米麦杂粮公所、油酒醋酱业同业公会等。

第三节　其他行业会馆的文化及行业信仰

会馆公所作为商人们在异乡的港湾，需要以神祇信仰为精神慰藉，祈祷生意顺风顺水、避免灾害的发生以及束缚人们在商业竞争中不正当的行为。不同地方商人建立了不同的会馆公所，祀奉的神祇也表现出不同的乡籍与行业特点。

会馆公所祀奉神祇的类型一般来说有三种。第一种是地方商人公认的乡土偶像，如山西商人崇拜关帝，一些山陕会馆便以关帝庙命名；第二种是各行各业特定的行业神或祖师爷，如酒业会馆崇拜杜康，豆腐业会馆供奉淮南王，等等；第三种是财神爷。会馆公所通常不只祀奉一个神祇，而是数个神祇同时祀奉。

一、茶业会馆的行业信仰

由于我国茶业分布区域广，涉及民族多，文化各异，各个地区茶业从业者信奉的行业神也不相同。中原地区常见的茶神有陆羽、卢仝、斐汶、宋徽宗、诸葛亮、灶神等，其中陆羽崇拜最为盛行。陆羽是唐代著名茶学家，一生嗜茶，精于茶道，著有世界上第一部茶业专著——《茶经》。江南一带茶农、茶商普遍崇拜神农氏，《神农本草经》中载"神农尝百草，日遇七十二毒，得荼而解"，荼就是茶，陆羽《茶经》中也提道"茶之为饮，发乎神农氏"。在云南西双版纳，一些少数民族奉诸葛亮为茶祖。这源于历史上诸葛亮南征后采取的许多安抚当地少数民族的怀柔政策，如栽培茶树、加工茶叶等。

还有一些以海运为生的地区如福建、广东、台湾等则信仰妈祖。帆船时代海上航运并不安全，与其他海上商人一样，这些地区的茶业从业者都信仰海神妈祖。如在台湾，妈祖被供奉于茶业公会大楼而非寺庙里，这可谓台湾茶神信仰的一大特色（见表5-6、表5-7）。

表 5-6　茶业产地供奉神祇先贤列举

地区	供奉神祇先贤
中原	茶圣陆羽
江南一带	茶祖神农
云南一些少数民族	诸葛亮
福建、广东、台湾等	妈祖

表 5-7　茶业会馆供奉神祇先贤列举

会馆名称	茶业商人	供奉神祇先贤
上海星江茶业工会	徽商	朱熹
星江公所	婺源茶商	朱熹
徽宁会馆	徽宁商人	关帝、朱熹
汉口山陕西会馆	山陕商人	关帝

二、盐业会馆的行业信仰

与其他行业不同，盐业的行业偶像和神祇数目繁多、种类庞杂，全国盐业并没有一个统一的行业偶像。这是因为盐业在产地种类、制作方法、运输贸易等方面都比较多元复杂，不同的地理环境与从业人员构成塑造了不同的信仰。

盐业产地不同，信仰不同。各地的盐业产区在种类上主要有海盐区、池盐区、井盐区、岩盐区等，不同产盐区祭拜的神祇各有不同。属海盐区的两淮盐区奉夙沙氏、胶鬲、管仲三位神祇，其中夙沙氏因煮海为盐的传说被奉为盐业的始祖，胶鬲与管仲都是历史人物，因在盐业方面有所贡献被奉为行业神；长芦盐区传统神祇是盐姥、盐公盐母、詹打鱼，其中盐姥是天津地区特有的地方神，盐公盐母与詹打鱼都来源于与盐相关的传说。在长芦盐区，水神也被奉为盐神，因为长芦盐取于海、走水运，于是水神便有了护佑盐业产、销的功能，成为盐业神祇，如平浪侯和天后；巴蜀地区的盐业神祇则与神秘的巴国有关，远古时期有"巫盐"神祇与"灵兽"神祇，之后又有英雄信仰，最有名的是先祖廪君与盐水女的传说。除此之外，还有地区将黄帝、炎帝、蚩尤等奉为行业神。炎黄二帝为华夏之祖，由于黄帝打败了蚩尤，控制了盐源，炎帝是南方火神，与熬制盐的火候有关，因此成为盐业人的崇拜对象。而传说中蚩尤葬身于解州南的蚩尤城，盐池水乃蚩尤血所化，人们在此发现盐卤并加工使用，因此蚩尤被北方盐业人供奉。

盐业会馆信仰除与地区有关外，与其建造者的种类也有关。盐业会馆建造者分为盐商与盐业工人，盐商又分为盐官、运吏等。盐业工人建造的会馆多信仰李冰、炎神等（见表5-8）；而盐商信仰与原乡神信仰基本一致，如山西会馆信奉关帝，湖广会馆信奉禹王，福建地区的会馆信奉天妃娘娘，甘肃盐神庙信奉盐婆婆，等等（见表5-9）。

表 5-8　盐业工人会馆名称及供奉神祇先贤

行业名称	会馆名称	供奉神祇先贤
制盐业	盐神庙	河神
木船运盐业	王爷庙	李冰
制盐工具业（铁匠帮）	雷祖庙	李脿
烧火熬盐业	火神庙、炎帝宫	炎帝

资料来源：赵逵《川盐古道——文化线路视野中的聚落与建筑》，东南大学出版社2008年版。

表 5-9　各省盐商会馆名称及供奉神祇先贤列举

盐商种类	会馆名称	供奉神祇先贤
山陕盐商	西秦会馆	刘备、关羽、张飞
江苏、安徽盐商	江南会馆、新安会馆	关羽、准提观音
安徽、江西盐商	紫阳书院	朱熹（徽州紫阳山读书）
两湖、两广盐商	湖广会馆	尧、舜、禹
江西盐商	万寿宫	许真人
福建盐商	天后宫（天上宫）	天妃、妈祖

资料来源：赵逵《川盐古道——文化线路视野中的聚落与建筑》，东南大学出版社2008年版。

　　总之，相比其他行业神祇，中国盐业神祇信仰的多元性、复杂性尤为突出。这些神祇形象或来自史书记载或来自神话传说或是历史上的英雄人物等，都产生于一定的社会与历史基础。人们出于祈福消灾的心理、借神自重的动机而供奉偶像，以此来满足自身的需求。

三、酒业、酱业、果橘业等会馆的神祇信仰

酒业、酱业、果橘业等会馆的信仰神与各自行业相关：一般是此行业的创始人，如酒业会馆一般供奉酒神杜康，豆腐业供奉淮南王（传说他是中国豆腐与豆浆的发明者）；或是历史上与该行业相关的名人（包括谐音），如酱菜业祖师爷为蔡邕，因其名字谐音"菜佣"，唐代已"供位于行厨之侧，祀为菜神"，刘邦也被视为酱园业的祖师爷，因其曾被韩信称为"善于将将"，"将将"谐音"酱酱"；还或是各地商人的原乡崇拜，如闽商拜妈祖，徽商拜朱熹。除这些颇具行业与地域特色的神祇崇拜之外，各行各业大多还供奉关公或财神爷，以凸显行商中"重义"的精神与追求利润。还有一些行业没有自己的行业神就供奉财神爷或当地的守护神，如上海的饼豆业并无自己的行业神、祖师爷，便把上海城隍神作为自己的保佑神，这在上海的同业公所中也是颇别致、颇特殊的。食品业会馆一般有多个神祇崇拜，如临襄会馆为北京油酒醋酱业同业公会，内供协天大帝（关公）、玄坛老爷（赵公明）、火德真君、酒仙、酱祖、财神爷等神祇。

以下将各食品业会馆行业神分类进行说明（表5-10）。

表 5-10　其他食品行业供奉神祇先贤列举

行业	供奉神祇先贤
酒业	杜康
厨业	詹王
豆腐业	淮南王
酱菜业	蔡邕、刘邦
其他	财神爷、关公

厨业又称厨师业、饭馆业、饭庄业、酒席业等。历史上厨帅的名称很多，如庖丁、庖厨、庖人、厨人、膳夫、伙夫、火头军、饼师、厨子等。厨业奉汉宣帝、灶君（皂君）、易牙、詹王、彭祖、雷祖大帝、关公、诸葛亮、伊尹、陈倒谷、又晋老祖、眉公（白眉神）等为祖师。

醋业也叫酿醋业，所奉之神有醋姑、姜太公、杜康儿（黑塔、帝予），这些神可统名之曰"醋神"。

酱园业奉蔡邕、颜真卿、刘邦、酱祖、醋姑、酒仙等为祖师，还供奉关帝、财神等；豆腐业奉淮南先师（刘安）、杜康妹、乐毅、范旦老祖、孙膑、庞涓、关公等为祖师，还供奉清水仙翁。

酒业所奉之神有杜康、仪狄、刘白堕、焦革、葛仙、李白、酒仙童子、二郎神、祠山神、无名仙女、阿美、关羽、司马相如、龙王等，其多被奉为祖师神。

屠宰业、肉铺业所奉祖师有樊哙、张飞、关羽、玄天上帝、三圣财神等；糕点业又称糖饼行、烘炉行，供奉雷祖、燧人氏、神农、介文皇帝、诸葛亮、程咬金等为祖师，还供奉关公、赵公明、火神、灶神等；天津是临海的城市，故鱼虾业、海货业一向发达，天津海货业奉拉踏张为祖师；武汉鸭蛋商人供奉太乙真人……

第四节　其他行业会馆的地域分布

一、冶铸业、布业、杂货业会馆的分布

现存杂货业、布业、冶铸业会馆数量较少，其会馆的分布呈现明显的行业聚集性。冶铸业会馆主要分布于广东，布业会馆主要分布在江浙地区，而历史上这些地区相对应的行业都十分发达。除此之外，冶铸业会馆

主要分布于珠江流域，布业会馆主要分布于京杭大运河沿线。这与明清朝廷实行废除官营铁冶、令民自采炼的开放政策息息相关。广东民营冶铁业蓬勃发展的同时，江浙地区布业也处于鼎盛期，铁质纺车、搅车需求激增，带动了两个地区之间的水运贸易。除此之外，明清朝廷对广东实行对外贸易的特殊政策，促使以广东为起点的海上丝绸之路高度发展，为冶铁业开拓了世界市场。

二、盐业会馆的分布

盐业会馆的分布基本沿着盐运商人的贸易线路展开。前文提到清朝时全国除蒙古、新疆外，内地分为十一盐区，由此形成了各盐区向内陆无盐地区运盐的贸易线路，盐业会馆则多集中分布于产盐区以及运盐线路上的贸易重镇。以川盐古道为例，自古以来，四川盆地盛产食盐，而湖北、湖南等无盐，川盐古道正是一条源于四川，贯穿整个中南腹地的盐运古道。在这条古道上，盐业会馆基本沿着销盐线路分布，且多集中于交通节点。在产盐地区建有盐神庙与盐商会馆如西秦会馆等，在运盐线路上散布着数量众多的盐商或盐工出资修建的会馆建筑，如陕西庙、川主庙、贵州庙、湖广庙、王爷庙、观音庙、天上宫、南华宫、万寿宫、禹王宫等。

三、茶业会馆的分布

与盐业会馆一样，茶业会馆的分布与茶商的活动密切相关，各地茶商在经营茶叶贸易的沿途留下了许多会馆，从事包括茶叶在内的各种商品的贸易活动。如前文提到的中俄万里茶路，以山西商人为代表的茶商，在这条线路上形成了采茶、生产、运输、销售一条龙服务链，一些茶商在沿线兴建的会馆建筑则体现了茶商对原乡文化与建筑技艺的传播。茶业会馆多集中分布在茶源地以及运茶线路上一些位于水路交通枢纽处的重镇。如茶源地的茶业会馆有晋商建在茶源地的汉口山陕会馆，江西商人建在武夷山下梅村的万寿宫，汀州商人建的汀州会馆，等等。建在运茶线路重镇节点的茶业会馆有万里茶道水路中转站赊店的福会馆，汉水边上交通枢纽樊城中江西商人的抚州会馆，等等。

茶业会馆除沿线路分布外，也多集中于清朝晚期及近代开埠的城市贸易港口，如北京、汉口、上海、广州等，吸引各地茶商前往经营，将茶叶通过船只运往国外。其中汉口与上海是近代以来著名的两大茶市，存在着许多茶业会馆与公所。如汉口有茶叶公所，上海有徽商的徽宁会馆、江西商人的江西会馆以及茶商茶众共建的茶叶公所等。在北京也有徽州茶叶商人所建的歙县会馆。

四、酒业、酱业、果橘业等会馆的分布

酒业、酱业、果橘业等会馆现存实例较少。由于不同类别的食品分别由不同商人在不同区域经营，这些食品业会馆在全国分布得较为分散。如远在东南的福建南平纸商多"由闽航海至津，再转而贩货入京"。江浙商人贩运丝绸、布匹至天津，闽广的蔗糖、兰靛、茶叶、海货、木料、果品等都纷纷运入天津。又如苏州地处南北交通转运点，明万历时期就有包括洋帮、干果帮、丝帮、花帮、紫竹帮等福建商人设置的三山会馆。这些食品不像盐与茶这样的大宗商品已形成专门的运输通道，一般随其他种类的商品一同贸易，其会馆种类杂多，多集中在一些沿海的商贸集镇。

将盐业、茶业、酒业、酱业、果橘业会馆的分布情况综合起来分析，食品业会馆总体分布规律是沿海沿江地区分布多，内陆腹地分布少。这些食品业会馆多分布于一些沿海沿江的城市与水路交通枢纽重镇，尤其是清末与近代一些开埠城市，如上海、北京、汉口、福州、广州等，如图5-13。

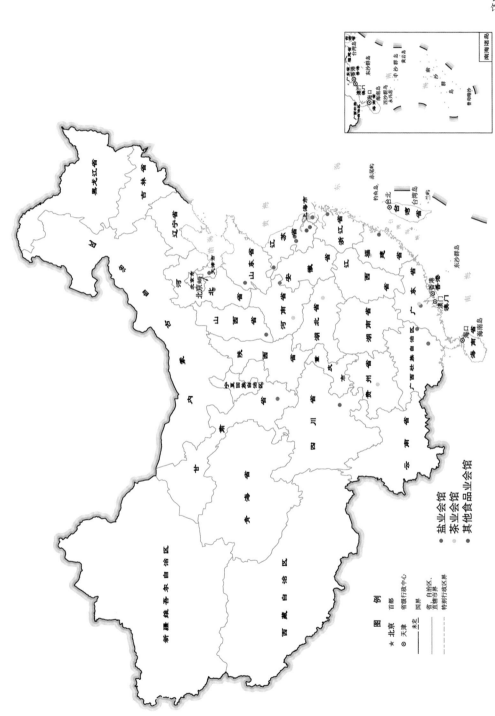

图 5-13　食品业会馆地区分布图

盐业会馆

茶业会馆

其他食品业会馆

图　例

★　北京　首都

◎　天津　省级行政中心

未定　　　国界

　　　　　省、自治区、
　　　　　直辖市界

　　　　　特别行政区界

第五节 其他行业会馆建筑实例解析

一、冶铸业会馆

（一）正乙祠（银炉）

正乙祠又被称为"浙江银业会馆"，是北京为数不多的工商会馆之一。在明朝的时候，正乙祠原址原本是一座寺院，后在清康熙六年（1667年），由当时浙江在京的银号商人们集资建造而成，主要是为了供奉正乙玄坛老祖，也就是财神赵公明。同治四年（1865年）所编撰的《重修正乙祠碑记》有明确的记载，即"浙人懋迁于京创祀之以奉神明、立商约、联商谊、助游燕也"。正乙祠是北京会馆中唯一以"祠"命名的会馆，正乙祠戏楼被称为"中国戏楼活化石"，具有极高的参观价值和文物价值（见图5-14至图5-16）。

正乙祠建筑肌理为北京胡同-四合院，建筑整体为南北布局，讲究中轴对称，整座建筑坐南朝北，为一进院落，院落东西较长，南北偏短，倒座房带有的走廊与院落之间围合，形成了廊式灰空间。现存建筑保存较完整，整体呈现一种青砖灰瓦的北京四合院色彩。

图 5-14 正乙祠大门

图 5-15 正乙祠室内

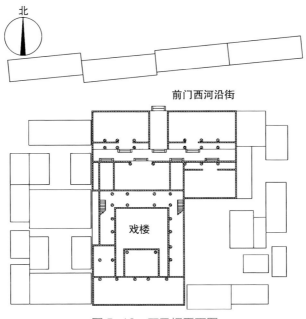

图 5-16　正乙祠平面图

（来源：张晓丽、刘晗、崔宇航《北京老城商业会馆建筑探讨——以正乙祠戏楼为例》，
载《遗产与保护研究》2019 年第 4 卷第 5 期，第 138-142 页）

倒座房：沿街倒座房坐南朝北，进深两间带前廊，面阔九间，屋顶为硬山仰合瓦屋顶。沿街建筑中间为大门，为红色油饰的广亮大门，与传统四合院的大门偏一侧设计有所不同，门前有一对石狮和抱鼓石，门上挂着刻有"正乙祠戏楼"五个大字的牌匾。檐下部分采用红色油饰的枋和檩，局部装饰以彩画颜料，整座建筑以灰色为主，辅以蓝绿色，简朴中不失庄重（见图5-17）。

戏楼：戏楼在会馆建筑群中特点突出，用地较紧凑，其建筑的尺度合乎人的尺度，布局简单却有特点。其总用地面积为 1 000 平方米左右，位于整座建筑的中轴线上，建筑坐北朝南。从外观上看是一座两层的建筑，屋顶为卷棚悬山顶。平面为面阔三间，进深相对较大，达到了十二檩，抬梁式木结构框架，可以减少墙体使用。大面积的开窗有利于建筑的通风和采光。一层架空设计可以充分利用下面的空间，一、二层通高可以形成池座，池座上空用罩棚，池座对面为戏台，伸入池座有部分花道，其目的是方便演员与观众的交流。池座里面并无柱子，此为观演建筑类型所决定的，避免遮挡视线。室内装修比较讲究，色彩使用了中国古代传统红色，并且用了旋子彩画，顶部设藻井（见图5-18）。

图 5-17　正乙祠倒座

图 5-18　正乙祠戏楼

正乙祠戏楼的戏台极有特点：戏台沿用传统庙宇亭楼式"乐台"，平面呈"凸"字形，伸向观众席；戏台三面敞开，这与传统戏台讲究"虚""空"有关；戏台较小，只有36平方米，排除勾栏，仅剩32平方米。戏台四角立有红柱，以支撑屋顶的重量，柱上刻有一副对联，"演悲欢离合，当代岂无前代事；观抑扬褒贬，座中常有剧中人"。台前红柱两侧各有一个水缸，表演时灌满了清水，可以利用盛水的深浅来调节演出时的声响。戏台的后面设置扮戏房，作为演员化妆休息的地方。一般会在戏台与扮戏房两侧的墙上开门，用于演员上、下戏台；两侧上下场门挂门帘，俗称上场门为"出将"，下场门为"入相"。

观看区：戏台的正对面为观众席池座，池座上空采用通高设计，二层使用往里收的方式有助于声音的扩散，增大演员的音量。除了正对戏台的观众席外，戏楼二层回廊部分也对观众开放，两侧为包厢式开放的观众席，观众可以通过两侧的楼梯上二层观众席，面对戏台的二层包厢为最佳观看区，为正位。观众除了听戏之外亦可品茶。

（二）佛山国公古庙（炒铁业）

国公古庙位于广东省佛山市禅城区福宁路新安街46号，又称鄂国公庙，始建于明代，是佛山炒铁业祭祀祖师的重要场所，也是佛山现存唯一的古代手工行业的师傅庙。原国公古庙坐北向南，深两进，由山门、香亭、大殿等部分组成。山门对面是一个大型院落，亦属该庙，为新安街所隔。

时至今日，国公古庙的山门、香亭和大殿等主体建筑尚保存完好。山门石额镌题"国公古庙"四字，庙内左侧山墙镶嵌有同治二年（1863年）修葺碑记一通（见图5-19、图5-20）。山门及大殿均为硬山顶镬耳式封火山墙，面宽三间，庄重而瑰丽；大殿进深三间，梁架为抬梁与穿斗混合式结构。香亭为卷棚歇山顶，架构独特，后檐柱即为大殿前檐柱，前檐柱不着地而置于左右两廊大拱枋之上，这在同类建筑中颇为少见。

图5-19　国公古庙山墙

图5-20　国公古庙大门

装饰方面，古庙除了普遍使用各类雕镂精致的木雕以及灰塑绘画等装饰外，山门前檐廊梁架均饰以精巧细腻的花卉及人物故事圆雕或高浮雕，给人富丽华贵的感觉，具有浓厚的文化气息。除此之外，在檐柱石枋上，还有四组八个头戴礼帽、身着燕尾服的外国人石像，表明国公古庙建筑也见证了清代中晚期佛山地区中外工商贸易交往的历史（见图5-21）。

（a）　　　　　　　　　　　　（b）

图5-21　雕镂精致的檐柱石枋

二、布业会馆

（一）苏州轩辕宫（纺织业、成衣业）

轩辕宫位于姑苏古城深巷祥符寺巷36号，宫内主要祭祀炎帝、黄帝及先蚕圣母西陵氏即嫘祖，又名先机道院、机圣庙，与皇宫（万寿宫）、学宫（孔庙）、天妃宫并称"四宫"，既是苏州城悠久历史的见证者，也是苏式建筑文化的传承者。

轩辕宫始建于北宋元丰元年（1078年）；道光二年间（1822年），丝织、宋锦和纱缎业的行业机构云锦公所设于宫内；咸丰十年（1860年），轩辕宫毁于太平军战乱兵火；四年后的同治三年（1864年），刚刚恢复元气的纱缎业行业公会在遗址上重建了轩辕宫；光绪年间又拓地进行了扩建，并设立丝业公所；民国十年（1921年），又在此设立了铁机丝织业同业公会。

现在的轩辕宫为清代同治年的遗构。该宫坐北朝南，分为东西两路。东路第一进为门厅。精美的砖雕门楼上，悬挂一块罕见的砖细竖匾，额"轩辕宫"三字。中枋两侧兜肚浅雕戏文故事，中间额"为章于天"四字，系同治元年（1862年）夏月冯桂芬所题。第二进为轿厅（茶厅），三间两隔厢，现在辟为会议室。第三进为高规格的正殿。殿前的庭院内，面对正殿设置一座极为罕见的方形花岗石祭台，两侧设置台阶可拾级而上。祭台上原来摆放香炉用于祭拜。正殿结构高大宏伟，面阔三间为11.5米，进深13.5米，高8.4米。东侧庑廊墙壁上，镶嵌《重建轩辕宫记》石碑。第四进的楼厅通过两侧庑廊与正殿连接，围合出一座庭院。楼厅底层和二楼均辟为课堂，墙上悬挂书画作品，地面摆放文房四宝和古琴等，营造出传统的儒学氛围。鲜为人知的是，二楼的东墙上有一个圆形窗宕，窗宕内镶嵌着一块可以左右移动的方砖，用于开启或关闭。这种窗宕俗称"瞭望窗"，通过窗宕居高临下观察可以起到防火防盗的作用，同时也具有一定的通风效果。修复后的轩辕宫辟为文化教育场所，成为对文物保护单位合理利用的范例。

（二）江西上饶葛仙殿（颜料行、染行）

远在周代，染匠即有奉专司染布的神，称为梅、葛二圣。梅仙是上古传说中一位发明染料的仙人，葛仙是著名的炼丹老人葛洪。全国各地，只要是供奉这两位大仙的仙翁庙，通常都是颜料行修的。

上饶城区信江河畔双塔公园边上有一座葛仙殿，初建于光绪十一年（1885年）。抗日战争爆发后，侵华日军攻占上饶，葛仙殿在此期间被烧毁，现存葛仙殿为1943年重建。

三、自贡西秦会馆（盐业会馆)

四川自贡西秦会馆，也称为陕西庙或关帝庙，俗称陕西会馆。1988年1月，西秦会馆被列为国家重点文物保护单位，现为自贡市盐业历史博物馆。

（一）建造历程

自贡旧称自流井，被誉为"千年盐都"。在极盛时期，自贡曾有西秦会馆、贵州庙、火神庙、王爷庙、桓侯宫等庙宇及会馆。前文提到，在其他地区时常可以见到山西会馆及山陕会馆，而陕西商人独自修建的陕西会馆则基本只存在于四川省境内，这是由于陕西商帮在四川境内的盐业贸易发达。自贡西秦会馆就是由资金实力最为雄厚的陕西商人捐资修建的。

西秦会馆始建于乾隆元年（1736年），至乾隆十七年（1752年）竣工，历时16载，成为自贡地区首座会馆建筑。道光七年（1827年）至道光九年（1829年），西秦会馆进行了一次大规模的维修与扩建。辛亥革命时期，同志军设总部于西秦会馆，后会馆曾遭滇军炮轰，龙亭被毁。从1938年起，这里先后成为自贡市政筹备处和自贡市政府所在地。1952年，自贡市盐业历史博物馆以西秦会馆馆址正式成立并对外开放，并进行了一次大规模的维修。虽然经历风雨，自贡西秦会馆仍保留与修缮完好。自贡西秦会馆建筑承载的不仅有陕西商人的商业文化，还有当时的盐业文化以及关公祭拜文化。

（二）建筑形制

西秦会馆后枕龙凤山，前临解放东路大街，其总体布局方正，坐南朝北，占地面积约3 600平方米。其沿中轴线对称布置一系列建筑单体，融官式建筑和民居建筑特点于一体。西秦会馆在84米长轴线上布置主要殿宇厅堂，依次为武圣宫大门、献计楼、参天阁、中殿和祭殿，两边则用廊、楼、轩、阁以及一些次要的建筑环绕和衔接，建筑外围由山墙环绕，形成有纵深、有层次、有变化的院落空间。西秦会馆平面采用院落式布局，由中轴线上一大一小的院落和中殿周围的两个花园庭院构成整个建筑群体，并沿地势逐渐抬高，形成层层升高的序列。中轴线上的两个院落将整个建筑分为三部分。第一部分以天街院坝为中心，以献计楼、抱厅和两侧的厢房围合成一个开敞、明朗的空间。在这个部分，献计楼、抱厅处于中轴线，成为主轴线的两个端点，金镛阁和贲鼓阁分别置于两厢房之间，成为

另一轴线的端点。这一部分主要用于聚会、看戏，因而建筑空间比较宽敞。第二部分主要包括参天阁、中殿以及中殿两侧的庭院。这部分轴线上布置得较为紧凑，但内部空间疏朗。两侧的庭院则营造出一种曲径通幽之趣，在对称轴线布局的建筑群落中融入了一丝清新和别趣。最后一部分则为中殿、祭殿及两殿间的一个狭小的庭院。这部分布局较为紧凑，庭院狭长，强调一种私密和神秘感。总体来说，整个建筑的布局和风格体现了从关帝庙到会馆建筑演化过程中本土建筑与地域性建筑的融合（见图5-22）。

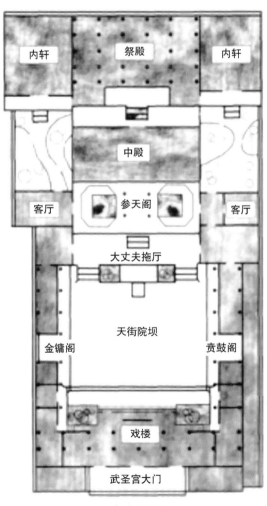

（a）平面

（b）剖面

图 5-22　西秦会馆平面、剖面

（三）装饰艺术

　　遍布全馆的精美木雕和石雕是西秦会馆建筑物的灵魂。西秦会馆的雕刻艺术集木雕和石雕为一体，风格独特，内容丰富。题材主要包括戏剧场面、历史故事、神话传说、社会风貌、博古器物、花卉鸟兽、民间图案等。据《西秦会馆》[①]一书统计：馆内有人物、故事情节的石雕、木雕共127幅，其中人物雕像居多，计500余人，大部分人物形象都贴金箔、栩栩如生、光彩照人，石雕70幅，独体兽雕24尊；其他如博古、花卉、图案等木雕、石雕数千幅。这些装饰艺术代表了当时陕西建筑艺术的最高水平。另外，这些作品中不乏对与关羽有关的故事和传说的刻画，充分展示了陕西人对于关帝的崇拜（见图5-23、图5-24）。

图 5-23　自贡西秦会馆金镛阁

图 5-24　自贡西秦会馆抱厅

---

　　① 郭广岚，宋良曦．西秦会馆[M]．重庆：重
　　　庆出版社，2006．

四、三山会馆（果橘业）

上海三山会馆又名"泸南果橘三山会馆"，现位于上海市黄浦区中山南路1551号（近半淞园路），由旅沪福建水果商人于清宣统元年（1909年）集资兴建。"三山"指的就是福建省福州市，旧《福州志》记载，福州旧城里有曰干山、乌石山、越王山三座山。而三山会馆原是福建商人用来讨论商务和祭祀天后的地方，供奉天后娘娘，以祈求天后"时显灵异，护庇海舟"，因此也被称为天后宫。

这座晚清时期建造的三山会馆现保存完好，占地面积3 897平方米，建筑面积600平方米，平面为长方形，坐北朝南，沿中轴线依次排列门楼、戏台、大殿，左右设有厢房。建筑为闽东大宅风格，有很高的红砖围墙，花岗石砌底脚，再砌红砖高墙，其精美的石刻、木雕、匾额、楹联等装饰细部也体现了浓郁的清代闽派风格。

三山会馆除了作为近代闽商的联谊场所之外，也是近代上海工人三次武装起义的旧址。1927年上海第三次武装起义期间，"上海南市工人纠察队总指挥部"就设在三山会馆。1959年，三山会馆被列为上海市文物保护单位。1986年，为了配合市政建设，上海三山会馆向南整体搬迁30米至今址，成为了上海最早的古建筑移建典范。直到1989年，移建和修复工作完成后，上海三山会馆作为上海重要的爱国主义教育基地重新开放，展出上海工人第三次武装起义相关史料。2008年，为迎接世博会，三山会馆进行修缮，于2010年作为上海世博会城市文化特色展示馆重新开放，并且在东侧新建了上海会馆史陈列馆（见图5-27）。

五、临襄会馆（油酒醋酱业）

临襄会馆在今北京东城区晓市大街，建于明代永乐年间，是当时在北京的山西临汾、襄汾油商（主要经营酒、油、粮、盐等商品）创建，作为其在京经商"相聚会晤之所"。馆中碑记记录了临襄会馆的发展历程。临襄会馆的前身是康熙五十三年（1714年）的一座吴姓房屋，两地油商积攒钱财将其购得作为会馆。宅院坐南朝北，前后三进，有房十五间。在之后的时间逐渐修葺完善，道光六年（1826年）购置西跨院，之后又在会馆东南空院新建房屋。现在的临襄会馆除主馆外，还有山右会馆、广安门外财神庵处的平水义园等。临襄会馆从乾隆八年（1743年）到1932年经历四次重修，捐款最多的是油酒行商会。由此看来，清代北京的油酒业中山西商人是颇有实力的。

临襄会馆作为油酒醋酱业同业公会，涉及酒、油、酱、醋、粮、酱菜等行业，所以祭祀诸神齐全。《重修临襄会馆碑》中就记载："内供协天大帝（关公）、增福财神、玄坛老爷（赵公明）、火德真君、酒仙尊神、菩萨尊神、马王老爷诸尊神像。"

六、上海徽宁会馆（茶业）

徽宁会馆又名"思恭堂"，旧址在今上海徽宁路655号，由徽宁两地茶商在乾隆十九年（1754年）始建（见图5-29）。徽宁是对安徽徽州、宁国两地的合称，由于徽州山多地少，人口密集，为了生存，吃苦耐劳的徽商自古便有外出经商的传统。徽州、宁国商人经营的行业十分广泛，其中"盐、典、茶、木为最著"。鸦片战争后，上海开埠并逐渐取代广州成为对外贸易中心。徽州是中国茶叶的最大产区之一，大批徽商集中于上海并控制了茶叶市场。乾隆十九年（1754年），在上海的徽、宁茶业商人联合组织了一个同乡人团体——思恭堂，在上海小南门外购置民田三十余亩并建屋数间，最初作为义冢来埋葬或暂厝客死上海的徽、宁两地商人。道光十六年（1836年），徽州人汪忠增出任上海道台，在义冢西另征"二十九亩八分二厘四毫"，作为义冢，设立思恭堂西局，此后，西局便称思恭堂。1853年上海爆发小刀会起义，1860年太平天国攻打上海，会馆建筑和义冢两次被毁。之后又在原址重建会馆，并修建了一条从会馆通往斜桥南路的小路，被称为"徽宁会馆街"，后被称为"徽宁路"。光绪至宣统年间（1875—1911年），增建关帝殿、戏台、看楼等建筑，因朱熹为徽州婺源（今属江西）人，特建东厅供朱文公牌位。当时会馆布局为正殿祭祀关帝，殿前有戏台，两侧为游廊与观楼，东厅祭祀朱熹，西亭即思恭堂。民国以后，由于同乡观念淡薄和南市土地日趋紧张，思恭堂占地缩小，后来八一三事变中会馆建筑再次被毁，会馆活动逐渐停止。

第六章

总结

第一节　行业会馆建筑现存状况概括

与同乡会馆不同的是，行业会馆这一特殊的会馆建筑类型现存并不多，其原因有以下三个方面：首先，行业组织以及商帮行会并不像地域性同乡组织，缺少强烈的地缘关系作为纽带，没有较强的会馆意识，因而许多行业并没有建立起大量的会馆建筑。但有一些行业性商帮，例如船帮以及药帮，由于他们本身就带有地域性，因此这些帮会随着组织的不断壮大会建立大量的会馆。其次，商帮等行业组织大部分是以地域划分的，如晋商、徽商、赣商等，他们的商业活动即以地域性同乡会馆作为据点，例如安徽会馆、江西会馆等，没有另外形成行业会馆。最后，商业文化并不像其他的文化类型那样具有代表性，受到的关注较少，其价值没有被充分意识到，因此明清以来中国绝大多数的行业会馆已被毁坏，现存的行业会馆也亟待保护。

以目前具有代表性的行业会馆——药帮会馆为例，根据笔者团队调查，全国范围内药帮会馆现存总数为61座，如图6-1所示。

总体来说，我国目前现存的行业会馆数量并不多，应该加强对这些会馆遗产保护和研究的重视，使其应有的时代价值能够得到充分发挥。

目前已有许多行业会馆成为文保单位，建筑单体保存状况较好，但真正能被完整保存下来的会馆建筑群并不多，以怀帮会馆为例，禹州怀帮会馆钟鼓楼已毁、沁阳药王庙仅存木牌楼和东西对庭、晋城怀覃会馆山门和钟鼓楼也已无存，令人十分惋惜。

还有众多的行业会馆未开放，其中原因之一是管理不善，例如某会馆在笔者团队调研时荒凉残破，处于完全未开发且无人管理的状态（图6-2），其藏在一个幽深的小巷中，乃至许多本地人都不知道这里还有一座国家级文物保护单位。

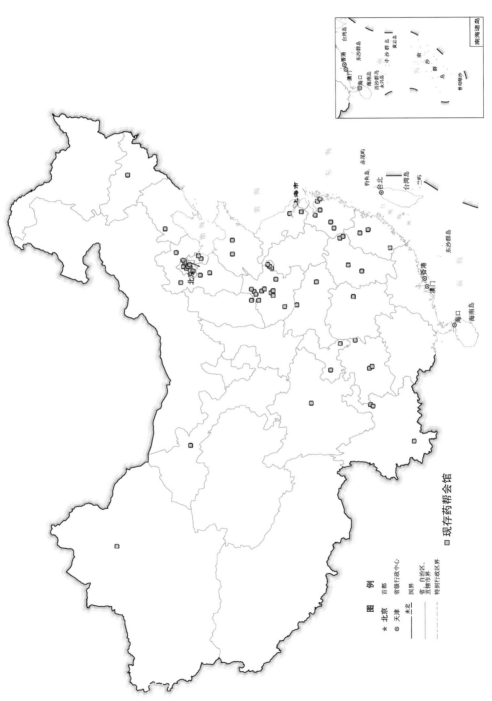

图 6-1　现存药帮会馆的全国分布图

图　例

★　北京　　首都

◎　天津　　省级行政中心

○　未定　　省、自治区、
　　　　　直辖市界

———　国界

———　特别行政区界

☐　现存药帮会馆

图 6-2　处于未开发状态的某会馆

第二节　行业会馆建筑研究的时代意义

行业会馆研究所着眼的并不仅仅是行业会馆建筑遗产，而是更注重对其背后深层次商业文化的挖掘，在新时期倡导弘扬中华优秀传统文化的背景下，中国明清时期的商帮文化所蕴含的中国人民艰苦创业、自强不息的奋斗精神应该得到高度重视，本书即率先在此方面做出探索。本书把这些行业会馆放在"明清商帮文化"视野下进行系统比较研究，从宏观（商帮文化）、中观（会馆建筑）到微观（构造技法）来系统地研究商帮文化与行业会馆的内在关系，这对于在新时代继承和发扬传统商帮文化的精神内核具有重要意义。

1. 行业会馆与行业文化的传承和发扬

行业会馆建筑是商帮文化的精神载体和有形实体，在现如今商帮文化价值被重新认识的背景下，对行业会馆建筑进行研究，主要有以下几点意义：

（1）行业会馆建筑的基本形态特征，包括布局、空间、结构、技法、装饰艺术等，都是其行业文化在会馆建筑上的具体体现，也是中国明清传统会馆建筑文化的重要组成部分。

（2）行业会馆不仅承担着服务行业交易和行业人员的功能，还是行业商帮群体的精神寄托，行业会馆内供奉的神祇既是行业的象征，也体现着行业商帮群体的精神面貌，其精神空间构成了行业会馆的精神内核，因此其行业神文化也是行业文化的重要组成部分，研究行业会馆的精神文化，对当今商业文化的发展有着借鉴意义。

（3）行业文化本质是商帮文化，每个行帮都有自己独特的经商传统和经商文化，正如晋商、徽商一样，在各自擅长的领域创造了非凡瞩目的成就，而提取行业文化的精神内核，重新激励新一代商人群体艰苦创业、自强不息，有着提振经济、促进商业发展的作用。例如曾经的怀庆药帮经过时间的洗礼不仅没有消失，而是转型成为新时代的焦作商会，继续开创新的事业，为怀帮文化增添新的时代记忆。

2. 行业会馆与城市文脉的保护和延续

在城市现代化快速推进的浪潮中，许多带有城市记忆的行业会馆正伴随着老城区的拆迁而逐步消失，例如曾经繁华一时的以汉口药帮巷为核心的汉口药市中心，其药王庙、神农殿等会馆残存遗迹已寥寥无几，且正面临城市新一轮拆迁的挑战，汉口药市文化作为城市文化的有机组成部分，亟待我们去保护和发扬，要在其基础上打造文化片区，形成对外展示窗口。虽然在许多城市中药市已繁华不再，但留下了许多值得保护的历史遗迹，如"同仁街""同仁巷""药行街""药帮巷"等（图6-3、图6-4），不少都成了历史风貌保护区，渗入了城市文脉，是重要的城市文化遗产。药商群体建立的百年老字号也是重要的文化遗产，影响着城市建设与规划。通过这样的研究，可为其他各类型会馆建筑遗产的保护提供有益的借鉴。

总之，对行业会馆建筑遗产的研究是对传统会馆研究的补充，更是对传统商业文化内涵的再发现、再认识，当前人们的文化寻根是一种普遍需要，而行业会馆建筑文化将作为一笔丰饶的精神财富进入人们的视野和生活。

图6-3　宁波药行街

（改绘自1914年《宁波城厢图》）

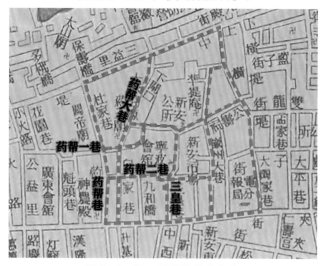

图6-4　汉口药帮巷街巷名称

（改绘自1930年《武汉三镇市街实测详图》）

参考文献

历史文献：

[1] 许檀. 清代河南、山东等省商人会馆碑刻资料选辑[M]. 天津：天津古籍出版社，2013.

[2] 张文珍，李应观，修. 杨益豫，等纂. 新繁县志[M]. 刻本.1873（清同治十二年）.

[3] 北京图书馆金石组. 北京图书馆藏中国历代石刻拓本汇编[M]. 郑州：中州古籍出版社，1989.

[4] 侯祖畲，吕寅东，纂修. 民国夏口县志[M]. 刻本.1920（民国九年）.

[5] 李华. 明清以来北京工商会馆碑刻选编[M]. 北京：文物出版社，1980.

著作书籍：

[1] 何炳棣. 中国会馆史论[M]. 北京：中华书局，2017.

[2] 王日根. 中国会馆史[M]. 上海：东方出版中心，2007.

[3] 柳肃. 会馆建筑[M]. 北京：中国建筑工业出版社，2015.

[4] 全汉升. 中国行会制度史[M]. 天津：百花文艺出版社，2007.

[5] 赵逵，邵岚. 山陕会馆与关帝庙[M]. 上海：东方出版中心，2015.

[6] 赵逵，邢寓，黄燊. 中国明清会馆[M]. 北京：中国建材工业出版

社，2022.

[7] 彭泽益. 中国工商行会史料集[M]. 北京：中华书局，1995.

[8] 彭泽益. 中国近代手工业史资料：第二卷[M]. 北京：生活·读书·新知三联书店，1957.

[9] 政协江西省委员会文史资料研究委员会. 江西文史资料选辑[M]. 南昌：江西人民出版社，1980.

[10] 李乔. 中国行业神崇拜[M]. 北京：中国华侨出版公司，1990.

[11] 丁援. 宋奕. 中国文化路线遗产[M]. 上海：东方出版中心，2015.

[12] 鲍彦邦. 明代漕运研究[M]. 广州：暨南大学出版社，1995.

[13] 纪丽真. 明清山东盐业研究[M]. 济南：齐鲁书社，2009.

[14] 山东省盐务局. 山东省盐业志[M]. 济南：齐鲁书社，1992.

[15] 张长顺. 天下徽商·盐商卷[M]. 北京：中国文史出版社，2008.

[16] 余全有. 怀庆商帮研究[M]. 合肥：黄山书社，2019.

[17] 王兴亚. 河南商帮[M]. 合肥：黄山书社，2007.

[18] 周春林. 建昌帮药业史话[M]. 南昌：江西科学技术出版社，2018.

[19] 陈厥祥，卢美芬，陈梓涛. 药商视阈下的宁波帮研究[M]. 宁波：宁波出版社，2020.

[20] 中国人民政治协商会议北京市委员会文史资料研究委员会. 北京往事谈[M]. 北京：北京出版社，1988.

学位论文：

[1] 邢寓. 粤商文化传播视野下的广东会馆建筑研究[D]. 武汉：华中科技大学，2021.

[2] 程家璇. 江右商帮文化视野下的万寿宫与江西会馆的传承演变研究[D]. 武汉：华中科技大学，2019.

[3] 党一鸣. 移民文化视野下禹王宫与湖广会馆的传承演变[D]. 武汉：华中科技大学，2018.

[4] 邵岚. 山陕会馆的传承与演变研究：从关帝庙到山陕会馆的文化视角[D]. 武汉：华中科技大学，2013.

[5] 李俊锋. 清代河南会馆的空间分布和建筑形式研究[D]. 西安：陕西师范大学，2008.

[6] 白梅. 妈祖文化传播视野下的天后宫与福建会馆的传承与演变研究[D]. 武汉：华中科技大学，2018.

[7] 周鸳. 试论四大药都形成与发展的影响因素[D]. 北京：中国中医科学院，2016

[8] 靳秀梅. 宋元明清药肆初探[D]. 兰州：兰州大学，2007

[9] 张颖慧. 淮北盐运视野下的聚落与建筑研究[D]. 武汉：华中科技大学，2020.

[10] 赵逵. 川盐古道上的传统聚落与建筑研究[D]. 武汉：华中科技大学，2007.

[11] 刘瑜，张凤梧. 清代及民国时期北京营造业行会小议[D]. 上海：上海师范大学，2011.

[12] 黄美意. 基于口述史方法的闽南溪底派大木匠师谱系研究[D]. 厦门：华侨大学，2019.

[13] 李婕. 上海市汾酒业同业公会研究（1946—1956）[D]. 上海：东华大学，2017.

[14] 马德坤. 民国时期济南同业公会研究[D]. 济南：山东大学，2012.

[15] 魏文享. 民国时期的工商同业公会研究（1918—1949）[D]. 武汉：华中师范大学，2004.

[16] 樊靓. 甘肃井盐文化遗址的调查与保护研究[D]. 兰州：西北师范大学，2017.

[17] 赵驰. 明代徽州茶业发展研究[D]. 合肥：安徽农业大学，2010.

[18] 谢岚. 自贡会馆建筑文化研究[D]. 重庆：重庆大学，2004.

[19] 程二奇. 近代中国行业组织的历史变迁[D]. 郑州：郑州大学，2004.

[20] 董树瑞．民国时期唐江商会档案整理与研究（1930—1949）[D]．南昌：江西师范大学，2016．

[21] 刘芳正．民国时期上海徽州茶商与社会变迁[D]．上海：上海师范大学，2009．

[22] 马昕苗．巴蜀地区行业会馆：王爷庙建筑特色研究[D]．重庆：重庆大学，2019．

[23] 李琳．洞庭湖水神信仰研究[D]．武汉：华中师范大学，2012．

[24] 高明．水神崇拜及水神庙建筑空间形态浅析[D]．太原：太原理工大学，2017．

[25] 褚福楼．明清时期金龙四大王信仰地理研究[D]．广州：暨南大学，2010．

[26] 张楠．明清时期南太行地区山西商人与金龙四大王信仰研究[D]．保定：河北大学，2020．

期刊论文：

[1] 卢有杰．我国古代营造业与建筑市场初探[J]．中国建筑史论汇刊，2016（2）：391-432．

[2] 庄丹华．宁波帮与中国近代建筑业发展研究[J]．浙江工商职业技术学院学报，2018，17（1）：1-7．

[3] 董晓萍．北京鲁班庙的宗教管理与政府管理[J]．广西师范大学学报（哲学社会科学版），2013，49（4）：67-77．

[4] 陈云霞．近代上海城市鲁班庙分布及功能研究[J]．历史地理，2013（1）：261-275．

[5] 王国华．晋派建筑"五台帮"木作营造技艺[C]//中国民族建筑研究会第二十届学术年会论文特辑，2017：191-194．

[6] 王仲奋．"东阳帮"传统木作特艺："套照"[C]//中国民族建筑研究会第十八届学术年会论文特辑，2015：34-40．

[7] 刘岚．湘潭行业会馆鲁班殿建筑艺术[J]．中外建筑，2009（6）：97-99．

[8] 王莹，李晓峰．行业神信仰下西秦会馆戏场仪式空间探讨[J]．南方建筑，2017（1）：63-69．

[9] 方平．从怀帮看清代河南行会发展[J]．西安文理学院学报，2015（12）：47-52．

[10] 程峰．怀庆商帮与武安商帮的商帮意识：从会馆的建立谈起[J]．焦作大学学报，2014（2）：49-52．

[11] 王兴亚．清代怀庆会馆的历史考察[J]．石家庄学院学报，2007（9）：62-68．

[12] 范文，杜坚．江西樟树和南城两地药帮发展的历史考证[J]．中国药业，1997（11）：36．

[13] 许檀．清代的祁州药市与药材商帮：以碑刻资料为中心的考察[J]．中国经济史研究，2019（2）：19-28．

[14] 冯丽梅，王娜娜．民国年间山西的中药业发展概况：以《晋商史料全览》为主线[J]．山西中医学院学报，2017（1）：71-74．

[15] 杨小敏．祁州药市的关东帮和山西帮[J]．黑龙江史志，2014（13）：359．

[16] 赵逵．川盐古道上的盐业会馆[J]．中国三峡，2014（10）：80-90．

[17] 赵逵，詹洁．"湖广填四川"移民线路上的"湖广会馆"研究[J]．华中建筑，2012，30（7）：165-168．

[18] 郭绪印．评近代上海的会馆（公所）、同乡会[J]．上海师范大学学报（哲学社会科学版），2015，44（1）：143-152．

[19] 吴慧．会馆、公所、行会：清代商人组织演变述要[J]．中国经济史研究，1999（3）：113-132．

[20] 张忠民．清代上海会馆公所及其在地方事务中的作用[J]．史林，1999（2）：13-25．

[21] 宫宝利. 清代会馆、公所祭神内容考[J]. 天津师范大学学报（社会科学版），1998（3）：38-44.

[22] 陈正. 上海城市发展与会馆建筑的消失[J]. 都会遗踪，2018（1）：79-94.

[23] 潘君祥. 上海与苏州会馆公所的发展比较[J]. 都会遗踪，2013（1）：14-27.

[24] 胡其伟. 漕运兴废与水神崇拜的盛衰：以明清时期徐州为中心的考察[J]. 中国矿业大学学报（社会科学版），2008，10（2）：108-112.

[25] 申浩. 近世金龙四大王考：官民互动中的民间信仰现象[J]. 社会科学，2008（4）：161-167.

[26] 周育民. 漕运水手行帮兴起的历史考察[J]. 中国社会经济史研究，2013（1）：58-69.

[27] 王平. 论汉水中上游杨泗信仰产生、繁盛之原由[J]. 社会科学动态，2019，29（5）：65-69.

[28] 杨飞，庞敏. 陕西丹凤龙驹寨船帮会馆及其演剧考论[J]. 文化遗产，2014（1）：65-78.

[29] 赵逵，邵岚. 河南淅川荆紫关古镇：国家历史文化名城研究中心历史街区调研[J]. 城市规划，2010（7）：97-98.

[30] 魏天安. 宋代行会的特点论析[J]. 中国经济史研究，1993（1）：141-150.

[31] 周琳. 产何以存？清代《巴县档案》中的行帮公产纠纷[J]. 文史哲，2016（6）：116-135，164-165.